EDWARD LEEDSKALNIN

LES COURANTS MAGNÉTIQUES

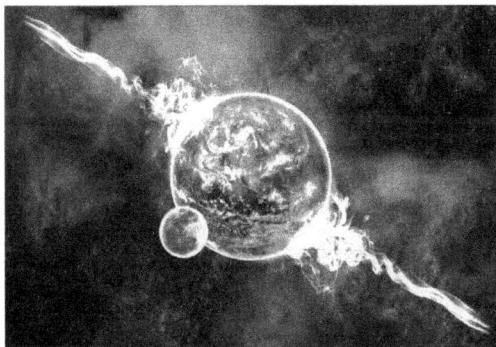

ℴMNIA VERITAS

EDWARD LEEDSKALNIN

(1887-1951)

LES COURANTS MAGNÉTIQUES

Première édition
« *Magnetic Current* », 1945
Traduit en Français par LOÏC OCCHIPENTI

Publié par
OMNIA VERITAS LTD

OMNIA VERITAS

www.omnia-veritas.com

INTRODUCTION

U ne chaude nuit d'été, un soir de pleine lune - si mes souvenirs sont bons - où je ne trouvai pas le sommeil, l'envie me prit, après avoir regardé une émission passant à la télévision sur une chaîne câblée à propos d'un énigmatique mais néanmoins magnifique château du nom de *Coral Castle,* de me lancer dans l'étude de son bâtisseur. Son œuvre plus qu'atypique me fit immédiatement penser aux monumentales et inexplicables constructions de l'antiquité dites « cyclopéennes ». Vous n'imaginez pas ma surprise lorsque je découvris par la suite le mystère entourant son édification. L'énigme s'épaissit en constatant que cet homme du début des années 1900 au physique frêle avait bâti ce château sans aucune machine ni aide extérieure, se laissant aller à raconter à qui prenait le temps de l'écouter, qu'il avait découvert le secret des bâtisseurs de pyramides de l'Égypte antique.

Edward Leedskalnin est aujourd'hui connu pour être l'architecte du château de Corail à Homstead, en Floride aux États-Unis. Je m'efforce avec ce premier ouvrage de mettre à jour les travaux d'un homme que l'on pourrait qualifier de véritable génie à la vue de son œuvre architecturale monumentale : le château de Corail. Pour autant, ses expériences concernant les courants magnétiques sont moins connues, alors qu'il les publia dans un petit livret en 1945 du nom de « Magnetic current ». Ce livret traite principalement des résultats de deux années de recherches et d'expériences poussées sur des aimants à « Rock Gate ». J'ai traduit ces expériences en français, afin que vous puissiez à votre tour tenter de percer à jour les secrets du courant magnétique.

Cependant, je me dois de vous mettre en garde avant de vous lancer dans la lecture des expériences recueillies ici, patiemment traduites en intégralité. Edward Leedskalnin était un homme mystérieux et travailleur. Il voulait, au vu de cet ouvrage, nous léguer le résultat de ses travaux. Mais il le fit, non pas en divulguant simplement son secret haut et fort, mais en conservant une grande part de mystère. À son image, Ed souhaitait que l'on travaille assidûment, tel qu'il l'avait fait à son époque, afin d'arriver au même cheminement que lui dans sa compréhension et sa vision inédite des courants électriques. Il n'hésitait déjà pas à l'époque à qualifier d'inexactes nos connaissances à leur égard. Ed voulait vraisemblablement nous faire réfléchir et étudier, pour que seul celui qui aura longuement recherché et travaillé sur ces différents éléments, parvienne à percer le secret du mouvement perpétuel et de l'énergie libre.

Le texte qui va suivre constitue donc l'intégralité de ses expériences menées avec des aimants. Je me suis efforcé de traduire le texte, et de modestement le commenter ou compléter par endroit pour une meilleure compréhension. J'ai voulu traduire le plus fidèlement possible ses écrits, sans en changer la syntaxe. C'est pourquoi, vous retrouverez les passages rajoutés entre parenthèses.

Je tiens à soulever deux points.

Premièrement, je pense qu'Ed, écrivant en anglais, qui n'était pas sa langue maternelle, s'était exprimé dans un langage simple, à la hauteur de sa pratique, ce qui expliquerait par endroit l'aspect très simple et quelque peu maladroit de la tournure de ses phrases.

Deuxièmement, il me semble qu'Edward a volontairement laissé des passages au sein du texte, afin de faire réfléchir le lecteur dans son étude, tout en protégeant au maximum son secret pour s'assurer que seul un travailleur acharné puisse décoder ses travaux.

Vous trouverez également les croquis et schémas que je me suis appliqué à copier fidèlement et à replacer à l'identique au sein du texte d'origine, tel qu'Edward Leedskalnin les dessina en son temps.

Concernant le *Château de Corail* et son emplacement, Homestead est une petite ville actuellement mondialement connue pour abriter un des édifices mégalithiques contemporains les plus imposants ; faisant partie des constructions encore à ce jour les plus mystérieuses et énigmatiques : le « *Château de Corail* » bâti par un certain Edward Leedskalnin au début des années 1900.

D'après les archives de la paroisse de Stāmeriena en Lettonie, Edward Leedskalnin est né le 12 janvier 1887 à Riga en Lettonie. C'était un type qui n'avait pas beaucoup d'argent, son physique était frêle, il pesait à peine quarante-cinq kilo pour une taille d'environ un mètre cinquante-cinq. Son père était maçon et nous savons qu'il avait lui-même appris à travailler la pierre. Ed était un drôle de personnage. Il a toujours vécu seul et n'aimait pas l'agitation effrénée du monde moderne qui l'entourait. Ainsi les personnes de son temps le considéraient comme un véritable ermite. Cependant, tous s'accordent à dire aujourd'hui qu'il avait résolument une vivacité d'esprit qu'il se gardait bien de partager avec le premier venu et qu'il était vraisemblablement un génie.

Déjà à cette époque, Ed affirma qu'il édifierait un château sans machine ni aucune aide extérieure. Sa "légende" nous raconte qu'il aurait voulu édifier cette construction monumentale, ce magnifique château, en l'honneur de son amour de jeunesse perdu, Agnès Scuffs. La plupart affirme également que sans elle, « Coral Castle » n'aurait jamais existé. Edward est décidément et définitivement considéré aujourd'hui par tous comme quelqu'un de très secret.

À partir de 1923, Edward entreprit donc de bâtir un château avec ses propres moyens. Il l'appela tout d'abord "ROCK GATES PARK", puis après l'avoir quasiment terminé hormis le mur d'enceinte, il décida de déménager l'ensemble à 16 km plus loin. Là, au cours des quatre années qui suivirent, Ed érigea sur ce nouvel emplacement - à la manière des murs de la cité de Sacsayhuaman à Cusco au Pérou, tel un gigantesque puzzle - une immense enceinte entourant son château qu'il renomma au passage « Coral Castle », le Château de Corail.

Vous retrouverez une chronologie plus détaillée de la vie d'Edward Leedskalnin ainsi que des différentes étapes de construction de son château de Corail, dans la bibliographie qui sera publiée très prochainement à la suite de cet ouvrage.

Ses expériences ont aujourd'hui une nouvelle chance de porter haut les couleurs de l'énergie libre dont l'humanité a aujourd'hui plus que cruellement besoin. L'épuisement prévisible des énergies fossiles polluantes est pour bientôt...

La publication de ce livret a également pour but de m'aider à trouver des collaborateurs issus du milieu scientifique, afin de réaliser dans un futur proche les expériences décrites dans le texte qui va suivre.

Loïc Occhipenti.

LE COURANT MAGNÉTIQUE

Cet écrit est aligné, aussi quand vous le lisez regardez vers l'Est, ainsi que toute la description que vous allez lire à propos du courant magnétique, il en sera tout aussi bon pour votre électricité.

Ce qui suit est le résultat de mes deux années d'expériences avec des aimants à Rock Gate[1] , à 17 miles au Sud-Ouest de Miami, Floride. Entre la vingt-cinquième et vingt-sixième latitude et la quatre-vingtième et quatre-vingt-unième longitude ouest.

En premier, je vais décrire ce qu'est un aimant.

Vous avez vu des aimants barres droites, les aimants en forme de U, les sphères ou boules aimantées et les aimants ALNICO (se trouvant) dans de nombreuses formes, mais en général (ils sont cylindriques) avec un trou au milieu.

Dans tout aimant, une extrémité du métal est le Pôle Nord et l'autre le Pôle Sud, et pour ceux qui n'ont pas d'extrémité, un côté est le Pôle Nord et l'autre le Pôle Sud.

---

[1] Aujourd'hui, le site se nomme Coral Castle (le château de Corail) et se situe à 16 km plus au sud de l'emplacement d'origine à « Rock Gate Park ».

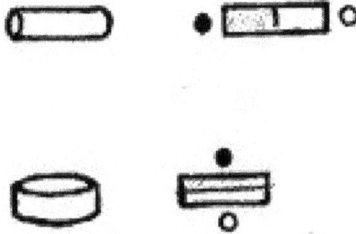

Maintenant parlons de la sphère aimant. Si vous avez un AIMANT PUISSANT vous pouvez changer les pôles dans la sphère de n'importe quel côté (celui) que vous voulez, ou enlever les pôles de telle sorte que la sphère ne sera plus un aimant.

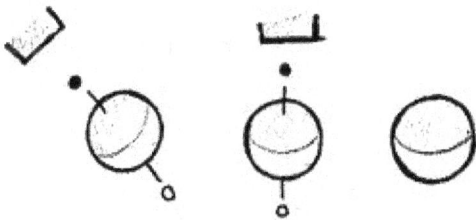

En résumé -
À partir de cela, vous pouvez voir que l'aimant peut être déplacé et concentré et vous pouvez voir également que le métal n'est pas le véritable aimant. Le véritable aimant est la substance qui circule dans le métal.

13

Chaque particule à l'intérieur de cette substance est en soi un aimant individuel.

Elles (les particules) sont à la fois des aimants individuels de pôle Nord et de pôle Sud. Elles sont si petites qu'elles peuvent passer à travers toutes choses. En fait, elles peuvent passer à travers le métal plus facilement que dans l'air.

Elles sont en mouvement constants. Elles circulent d'un type d'aimant contre l'autre type, et si elles sont guidées dans les bons canaux, elles possèdent une énergie perpétuelle.

Les aimants des pôles Nord et Sud, sont la Force Cosmique. **Ils tiennent ensemble la Terre et tout ce qu'elle contient.**

Chaque aimant de pôle Nord et Sud est égal en force, mais la force de chaque aimant individuel ne représente rien. Afin d'être d'usage plus pratique ils devront être (présents) en grand nombre.

Dans les aimants permanents, ils (les aimants) circulent dans le métal en grand nombre et ils circulent de la manière suivante : Chaque type d'aimants sort de ses propres extrémités de pôle et se déplace dans celui-ci, il se déplace aussi vers l'autre extrémité de pôle et ensuite revient à ses propres extrémités (à son propre pôle), puis recommence encore et encore. Tous les aimants individuels ne se déplacent pas dans leur pôle. Certains s'en éloignent et ne reviennent jamais, mais de nouveaux (aimants) viennent prendre leur place

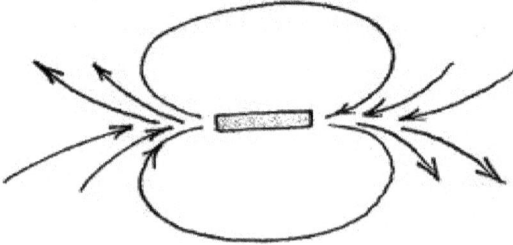

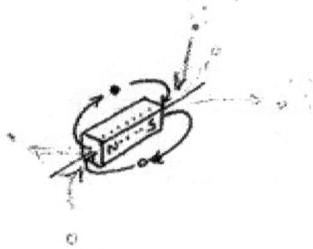

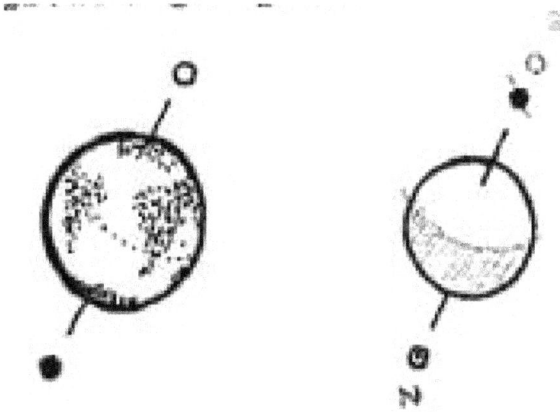

La Terre elle-même est un gros aimant.

En général, ces aimants individuels de pôles Nord et (de pôle) Sud se déplacent de la même manière que dans un aimant permanent métallique. Les aimants individuels de pôle Nord sortent du pôle Sud de la terre et se déplacent (aussi) dans le pôle nord de la terre, ensuite ils reviennent à leur propre pôle, et les aimants individuels de pôle Sud sortent du pôle Nord de la terre et se de déplacent autour, et du pôle sud de la terre reviennent à leur propre extrémité pôle Sud. Alors les aimants individuels de pôle Nord et Sud commencent à se déplacer encore et encore.[2]

---

[2] Ed. Leedskalnin essaye ici de brouiller les premières pistes qu'il nous donne. Nous comprenons donc que les aimants de pôle Nord (polarité Nord) sont en rotation autour de leur propre pôle, donc au Nord de la terre et qu'ils passent par un canal interne à celle-ci, pour ensuite sortir du côté du pôle Sud avant, pour certains, de s'en éloigner et de ne jamais revenir. Mais les aimants restant retournent au pôle Nord en suivant le champ magnétique terrestre (externe). Idem pour les aimants de pôle Sud (polarité Sud) sortant par le pôle Nord. Ceci nous donne un ou les deux flux qui circulent de manière opposée l'un à l'autre.

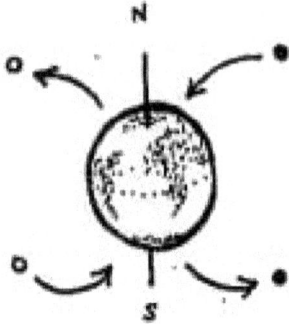

Dans une barre à aimant permanent entre les pôles, il y a une partie semi-naturelle où il n'y a pas grand-chose pouvant entrer ou sortir (où il y a peu d'aimants qui circulent), mais sur la terre il n'y a aucun endroit où les aimants n'entrent et ne sortent pas (ne circulent pas), cependant les aimants entrent et sortent (arrivent et s'échappent) plus aux extrémités des pôles qu'à l'équateur.

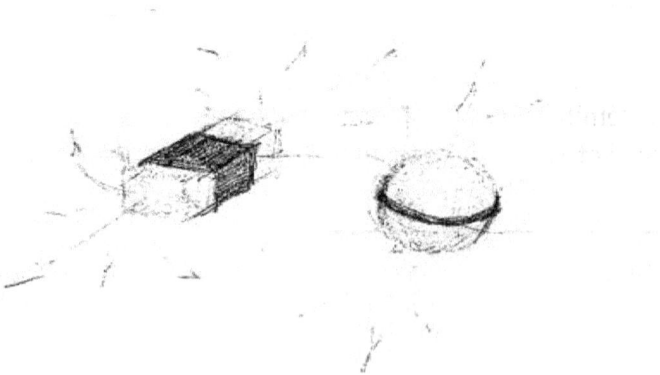

Maintenant, vous pouvez obtenir l'équipement et je vais vous dire, de sorte que vous puissiez voir par vous-même ce que j'avance

Dans une barre à aimant permanent entre les pôles, il y a une partie « semi-naturelle » où il n'y a pas grand-chose pouvant entrer ou sortir (d'aimants), mais sur la terre il n'y aucun endroit où les aimants n'entrent et ne sortent pas, mais les aimants entrent et sortent plus aux extrémités des pôles qu'à l'équateur. (Voir plus haut)

Ma position est trop éloignée des pôles magnétiques (de la terre), alors tous mes aimants sont guidés par le flux général d'aimants individuels qui passent par les pôles Nord et Sud.

Approximativement le pôle magnétique Sud de la terre est à deux cent soixante miles à l'Ouest du même méridien et le pôle magnétique Nord de la terre est dessus. Ceci donne que les aimants des pôles Nord et Sud se déplacent dans la direction Nord-Est et Sud-Ouest.

Maintenant vous pouvez obtenir l'équipement et je vais vous dire, de sorte que vous puissiez voir par vous-même ce que j'avance.

- Obtenez une barre à aimant permanent de quatre pouces de long,
- un aimant en forme de U qui est assez puissant pour soulever dix à vingt livres,
- un aimants Alnico d'environ trois pouces de long, deux pouces et demi de large, un pouce

d'épaisseur, avec un trou au milieu et des pôles à chaque extrémité,

- plusieurs pieds de longueur de ligne de pêche en acier inoxydable. Quand la ligne n'est pas embobinée le fil reste droit, et,
- une barre de soudure en acier doux[3] d'un huitième de pouce d'épaisseur et trois pieds de long.

Du fil de pêche et de la barre de soudure vous fabriquerez des aimants ou des compas. Et si vous les accrochez avec un fil fin par le milieu et les gardez là, ils seront les aimants permanents.

Quand vous faites un pôle magnétique dans la barre de soudure utilisez l'aimant en forme de U. (Utilisez) l'aimant de Pôle Sud pour faire l'aimant de pôle Nord dans la barre (barre aimant permanent) et utilisez le pôle nord de l'aimant en forme de U pour faire l'aimant de pôle Sud dans la barre. Vous pouvez faire glisser l'aimant sur la barre de bout en bout, mais ne jamais s'arrêter au milieu (de la barre).

---

[3] Acier doux : Acier dont la teneur en carbone varie de 0,15 % à 0,2 % et dont la résistance à la traction est de l'ordre de 400 MPa. Correspond aux aciers courants de construction (profilés, tôles) et à certaines armatures de béton armé. V. ill. Courbe contrainte-déformation de différents aciers.
Type d'acier et teneur en carbone ; Acier extra-doux inférieur à 0,10 % ; Acier doux entre 0,10 % et 0,20 % ; Acier demi-doux entre 0,20 % et 0,30 % ; Acier demi-dur entre 0,30 % et 0,40 % ; Acier dur entre 0,40 % et 0,50 % ; Acier extra-dur supérieur à 0,50 %

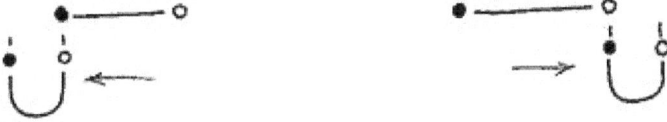

Si vous vous arrêtez au milieu il y aura alors un pôle supplémentaire qui perturbera le fonctionnement de l'aimant. Utilisez de la limaille de fer afin de tester s'il y a des aimants au milieu de la barre, et s'il y en a, la limaille s'y accrochera. Ensuite faites glisser l'aimant permanent sur la barre et il le sortira (l'aimant).

Pour sortir l'aimant des extrémités de la barre, approchez ou touchez l'extrémité de la barre avec le même type d'aimant qui est dans la barre, en plongeant les extrémités de la barre dans la limaille de fer, vous verrez comment cela fonctionne.

- Brisez trois morceaux de la ligne de pêche en acier juste assez longs pour qu'ils puissent aller entre les deux pôles de l'aimant permanent de forme U,
- mettez-les à l'extrémité entre les deux pôles, et ressortez-les,
- accrochez en un par le milieu avec un fil fin (un des morceaux de ligne de pêche), et accrochez-le du côté Est de la salle là où il n'y a pas d'autre aimant ou métal autour.

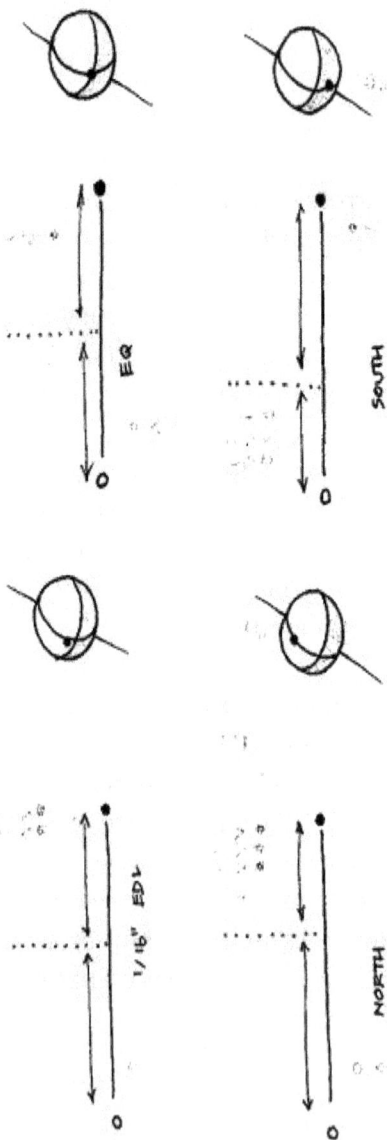

Maintenant, vous aurez un aimant permanent ou une boussole pour tester la polarité dans d'autres aimants. Pour une plus utilisation plus délicate accrochez l'aimant dans une toile d'araignée.[4]

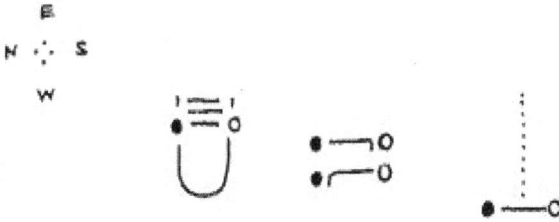

Pour tester la force de l'aimant utilisez de la limaille de fer.

- Mettez l'aimant permanent en forme U deux pieds à l'Ouest de l'aimant suspendu,
- tenez l'aimant de pôle Nord de niveau avec l'aimant suspendu, alors vous verrez que le pôle Sud de l'aimant suspendu se tournera vers vous et l'aimant de pôle Nord s'éloignera de vous.
- Maintenant, mettez le pôle de l'aimant permanent de pôle sud au même niveau, cette fois l'aimant de pôle Nord se tournera vers vous, et l'aimant de pôle Sud s'éloignera vous.

---

[4] Réalisez dans toute la salle un maillage suspendu en fil non métallique du même genre que font les araignées en réalisant leur toile.

Cette expérience montre deux choses. L'une est que les aimants peuvent être envoyés en flux droit, et l'autre est que quel que soit le type d'aimant que vous envoyez, l'autre type (d'aimant) revient vers vous.

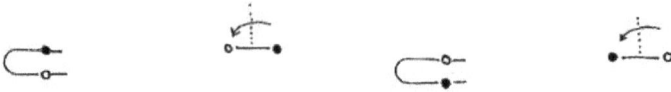

- Prenez deux morceaux de fil de pêche en acier, mettez-les dans l'aimant en forme de U (comme vu précédemment), tenez-les un petit moment, puis sortez-les, pliez légèrement une extrémité et accrochez-les (à la toile d'araignée),
- Faites en sorte que si l'extrémité inférieure d'un aimant soit l'aimant de pôle Nord, l'autre (extrémité) soit l'aimant de pôle Sud,
- Faites en sorte qu'ils pendent à trois pouces de d'intervalle (chaque morceau),
- Mettez le pôle Nord côté Nord, et le pôle Sud côté sud,
- Maintenant prenez la barre aimant permanent longue de quatre pouces, tenez le pôle Nord côté Nord et le pôle Sud côté Sud,
- Soulevez-la doucement jusqu'au (niveau des) deux aimants suspendus, alors vous verrez que les aimants suspendus se rapprochent,
- Maintenant inversez, mettez le pôle Nord de la barre aimant du côté Sud et le pôle Sud du côté Nord. Cette fois quand la barre aimant s'approche, les aimants suspendus s'éloignent.

Cette expérience démontre que les aimants de pôles Nord et (les aimants de pôle) Sud sont égaux en force et (aussi) que les flux des aimants individuels se déplacent d'un type de l'aimant à l'autre type.

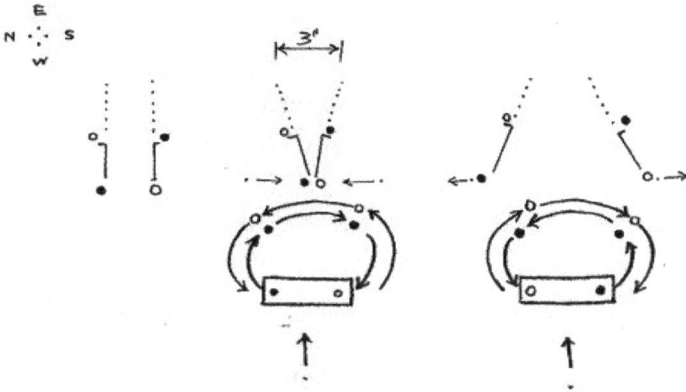

- Coupez une bande d'une canette (boisson) d'environ deux pouces de larges et d'un pied de long,
- mettez le pôle Nord de l'aimant en forme de U sur le dessus de la bande (découpé) et plongez l'extrémité inférieure (de la bande) dans la limaille de fer, ainsi regardez combien se soulève,[5]
- maintenant mettez le pôle Sud au-dessus (de la limaille de fer) et voir combien se soulève. (idem),
- changez plusieurs fois, alors vous verrez que le pôle Nord en soulève plus (de limaille de fer) que le pôle Sud,

---

[5] Relevez le poids total de limaille de fer que l'aimant a soulevée.

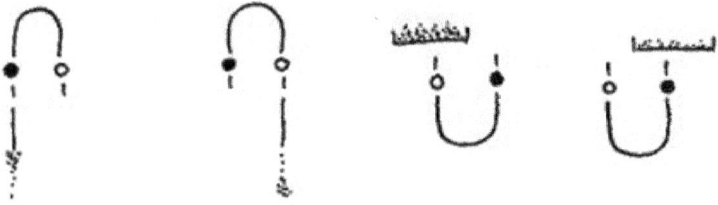

- placez maintenant l'aimant de pôle Nord sous la boîte de limaille de fer et voyez combien l'aimant en pousse vers le haut. (même relevé qu'à l'annexe 6),
- maintenant changez, mettez l'aimant de pôle Sud sous la boîte et regardez combien il en pousse vers le haut,
- faites ceci plusieurs fois, alors vous verrez que l'aimant de pôle Sud en pousse plus (de limaille de fer) que l'aimant de pôle Nord.

Cette expérience montre encore que sur une surface de niveau les aimants sont de force égale.

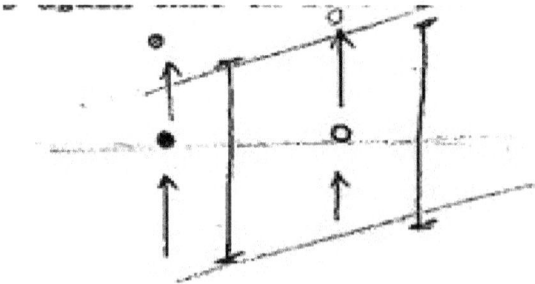

- Maintenant prenez la barre de soudure en acier doux de trois pieds de long. Elle est déjà magnétisée comme un aimant permanent.

Accrochez-la dans un fil fin afin qu'elle soit de niveau.[6]
- Maintenant mesurez chacun et vous verrez que l'extrémité Sud est plus longue.[7]

À mon emplacement à Rock Gate, entre la 25ème et 26ème Latitude et la 80ème et 81ème Longitude Ouest, dans l'aimant de trois pieds de long, l'extrémité de pôle Sud est d'environ un seizième de pouce plus longue. Plus au Nord, elle devrait être plus longue encore, mais à l'équateur les deux extrémités de l'aimant devraient être égales en longueur (de même longueur). Dans l'hémisphère Sud de la terre, l'extrémité de pôle Nord de l'aimant devrait être plus longue.

Tous mes aimants suspendus ou compas ne pointent jamais vers le pôle magnétique de la terre, ni au pôle géographique. Ils pointent un peu vers le Nord-Est. La seule raison pour laquelle je peux comprendre pourquoi ils pointent de cette façon (vers le Nord-Est) est, qu'en regardant à partir du même méridien géographique le pôle magnétique Nord est dessus, le pôle magnétique Sud est à cent quinze (degrés de) longitude à l'Ouest de celui-ci. Approximativement le pôle magnétique Sud de la terre est à deux cent soixante milles à l'Ouest du même méridien qui est dessus le pôle magnétique Nord de la terre. Ce qui fait que les aimants du pôle Nord et (les aimants du pôle)

---

[6] Accrochez à la toile d'araignée la barre aimant permanent qu'elle soit de niveau avec le reste.

[7] Suivant votre position sur la terre, la longueur de pôle Nord et de pôle Sud dans la barre varie.

Sud se déplacent dans la direction du Nord-Est et Sud-Ouest.

Ma position est trop éloignée des pôles magnétiques ainsi tous mes aimants sont dirigés par le flux général qui passe par les aimants individuels des pôles Nord et Sud.[8]

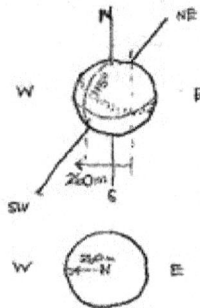

[8] Le flux général représente pour Edward Leedskalnin le champ magnétique de la terre.

28

QU'EST-CE QUE LE COURANT MAGNÉTIQUE ?

Magnétique / 2. Ayant à voir avec un aimant ou le magnétisme Courant / 2. passant de l'un à l'autre. 3. quelque chose qui coule, comme un flux

Maintenant je vais vous dire ce qu'est le courant magnétique.

Le courant magnétique est le même que le courant électrique. Courant est une mauvaise expression.

Réellement ce n'est pas un courant, ce sont deux courants, un courant est composé des aimants individuels du pôle Nord concentré en un flux et l'autre (courant) est composé des aimants individuels du pôle Sud concentré en un flux, et ils se déplacent un flux contre l'autre en tourbillonnant, à la manière d'une vis sans fin et à très grande vitesse. (Voir fig.)

Un courant seul si c'est le courant des aimants du pôle Nord ou le courant des aimants du pôle Sud ne peut pas fonctionner seul.

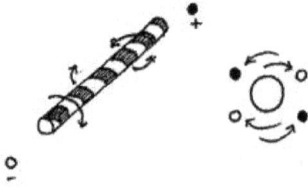

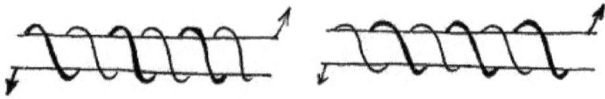

DIRECTION REVERSE DIRECTION

Pour fonctionner un courant doit s'opposer à l'autre.

FABRICATION DU COURANT MAGNÉTIQUE AVEC DES BATTERIES À PARTIR DU MÉTAL PAR L'ACIDE

Comment les courants s'exécutent lorsqu'ils sortent d'une batterie de voiture et que font-ils ?

Vous verrez, le principe de fabrication des aimants permanents réalisés par les courants individuels des aimants des pôles Nord et Sud se déplacent dans un seul fil depuis une batterie.

La fabrication d'aimant avec un seul fil, illustre comment tous les aimants sont réalisés.

Chaque pôle Sud ou Nord sont fabriqués par leurs propres aimants à partir de la manière qu'ils se déplacent dans le fil.

Maintenant je vais vous dire comment les courants se déplacent lorsqu'ils sortent de la batterie d'une voiture, et ce qu'ils font.

Obtenez maintenant cet équipement.

- Tout d'abord mettez une boîte en bois sur le plancher, le côté ouvert vers le haut, découpez deux encoches au milieu de sorte que vous puissiez faire passer à travers la boîte un huit en

31

fil de cuivre d'un pouce d'épaisseur et de dix-huit pouces de long.[9]

- mettez le fil une extrémité à l'Est, l'autre (extrémité) à l'Ouest,
- restez vous-même à l'ouest, mettez la batterie de voiture du côté Sud de la borne positive Est de la boîte (en bois), la borne négative à l'Ouest,
- obtenez deux câbles flexibles et quatre clips pour ajuster la batterie et le fil de cuivre nu,
- connectez l'extrémité Est du fil de cuivre avec la borne positive, clipsez l'extrémité Ouest du fil de cuivre (du huit en fil de cuivre que vous avez réalisé) avec le côté Ouest du câble flexible,
- laissez le raccordement avec la borne négative ouvert,

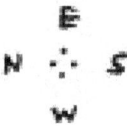

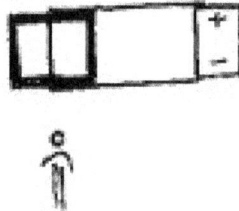

- cassez deux morceaux de la ligne de pêche en acier d'un pouce de long,
- mettez chaque morceau par le milieu en travers du fil de cuivre, un sur le dessus du fil de cuivre et l'autre dessous,
- tenez avec vos doigts,

---

[9] Réalisez en fil de cuivre un huit des dimensions indiquées.

- maintenant touchez la borne négative avec le clip libre,
- tenez jusqu'à que le fil de cuivre devienne chaud.
- enlevez-les, maintenant vous avez deux aimants,
- accrochez-les par le milieu dans un fil fin (à la toile d'araignée).

L'aimant supérieur va pendre comme il est maintenant, mais celui du dessous tournera.

- Cassez cinq pouces de long de la ligne de pêche,
- mettez le milieu en travers et sur le dessus du fil de cuivre,
- touchez la batterie,
- tenez jusqu'à ce que le fil de cuivre devienne chaud
- plongez le milieu du fil dans la limaille de fer.

alors vous verrez en combien de temps un aimant peut être réalisé avec cet équipement.

- Brisez ou coupez plusieurs morceaux de la ligne de pêche en acier dur assez long pour aller entre les pôles de l'aimant en forme de U.
- maintenant tenez les deux extrémités des morceaux des fil en acier (qu'ils pendent) de haut en bas, un fil du côté Sud du fil de cuivre et l'autre (fil) du côté Nord, (placez) les extrémités inférieures juste en dessous du fil de cuivre,
- tenez fermement et touchez la batterie,
- tenez jusqu'à que le fil de cuivre devienne chaud,

- maintenant accrochez-les par l'extrémité supérieure juste au-dessus du fil de cuivre,
- touchez la batterie, l'aimant du côté Sud tournera vers le Sud et l'aimant du côté Nord se déplacera vers le Nord,

- mettez deux morceaux (de la ligne de pêche) sur le dessus du fil de cuivre, (placez) les extrémités juste un peu sur le fil de cuivre,
- les extrémités reposant sur un fil de cuivre, l'une pointant vers le Sud et l'autre vers Nord,
- tenez fermement,
- touchez la batterie,
- tenez jusqu'à que le fil de cuivre devienne chaud,
- décollez-les, l'un indiquant au Sud est l'aimant de pôle Sud et l'autre indiquant au Nord est l'aimant pôle Nord,

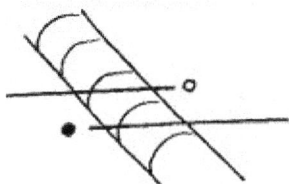

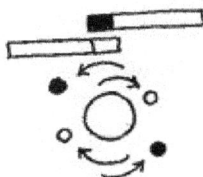

- mettez un fil au-dessus du fil de cuivre pointant vers le Sud, et l'autre au-dessous de celui pointant au Nord,
- magnétisez,
- raccrochez-les par les extrémités arrière sur le fil de cuivre,
- touchez la batterie, ils vont tous les deux se balancer vers le Sud,

- mettez un fil (de la ligne de pêche) au-dessus du fil de cuivre pointant vers le Nord,
- mettez l'autre au-dessous (du fil de cuivre) pointant au Sud,
- magnétisez,
- raccrochez-les par les extrémités au-dessus du fil de cuivre,
- touchez la batterie, les deux aimants se tourneront vers le Nord.

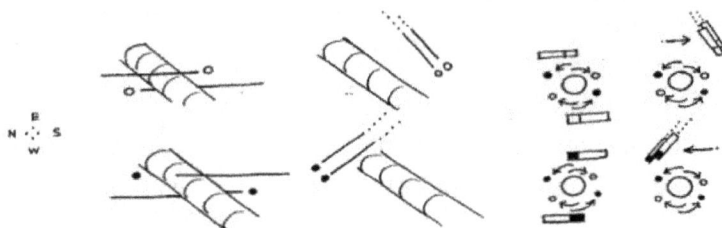

- coupez six morceaux de fil de pêche (en acier dur) d'un pouce de long,
- mettez-les par le milieu sur le dessus et en travers du fil de cuivre.[10] (voir fig.)
- Tenez fermement,
- tenez jusqu'à que le fil de cuivre devienne chaud,
- enlevez-les,

---

[10] Mettez le milieu des fils de la ligne de pêche au-dessus du fil de cuivre.

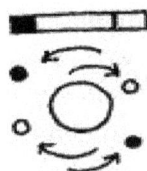

- maintenant mettez du verre sur le fil de cuivre,
- mettez ces six morceaux d'aimants sur le verre, sur le dessus de la ligne de cuivre dans le sens de la longueur juste pour que les extrémités ne touchent pas les autres,[11]

- touchez la batterie, ils se tourneront tous en travers du fil de cuivre,

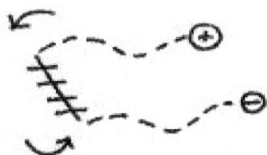

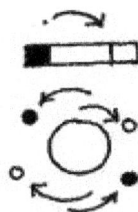

---

[11] Mettez une plaque de verre sur le fil de cuivre et placez les 6 morceaux de la ligne de pêche en acier dur au-dessus, de manière qu'ils ne se touchent pas.

- maintenant tirez en trois vers le côté Sud et trois vers le côté Nord de la même manière qu'ils se trouvent maintenant mais (éloignez-les) d'environ un demi-pouce du fil de cuivre,
- touchez la batterie, ils sauteront tous sur le fil de cuivre.

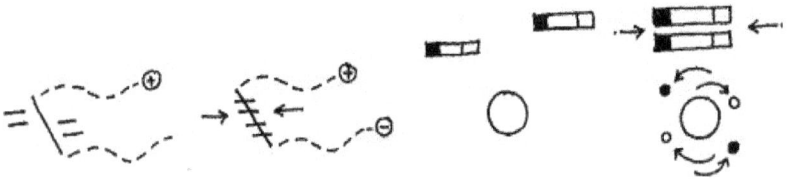

- maintenant roulez tous les six (morceaux de fil de pêche) ensemble, et lâchez-les, . . . ainsi vous verrez qu'ils ne resteront pas ensemble (ils s'éloigneront les uns des autres),

- magnétisez un morceau (de fil de pêche) dans l'aimant en forme de U,
- mettez l'extrémité pôle Nord côté Est sur le fil de cuivre,
- mettez le pôle Sud du côté Ouest,
- touchez la batterie, l'aimant pivotera vers la gauche,

- maintenant mettez le pôle Sud côté Est (sur le fil de cuivre),
- mettez le pôle Nord du côté Ouest, cette fois l'aimant tournera à droite,

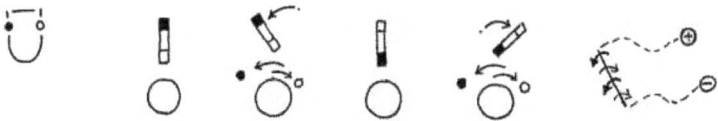

- enlevez le verre.
- prenez un morceau de fil de pêche en acier dur,
- plongez-le dans la limaille de fer, ainsi vous verrez qu'il n'y a pas d'aimant dedans (dans le fil de pêche),
- cette fois tenez le fil en place verticalement, (placez) l'extrémité inférieure au milieu du fil de cuivre,
- tenez fermement,
- touchez la batterie,
- tenez jusqu'à que le fil de cuivre devienne chaud,
- enlevez-le,
- plongez le fil (de pêche) dans la limaille de fer . . . et vous verrez que ce n'est pas un aimant.[12]

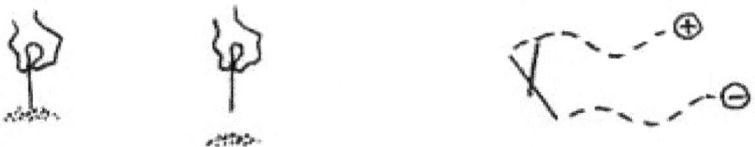

---

[12] Nous voyons ici que le fil de pêche n'est pas aimanté.

Q) Pourquoi ?

Pour faire des aimants avec des courants à partir de batteries et de dynamos avec un seul fil, le métal doit être mis sur le fil de telle sorte que les aimants qui sortent du fil se déplacent dans le métal à partir du milieu du métal et se dirigent vers son extrémité et non (le contraire), c'est à dire à partir de l'extrémité (du métal) vers son milieu et à travers comme ils l'ont fait cette fois dernière.

- Vous avez lu que pour faire un pôle Sud dans une extrémité de bobine qui est pointée vers vous, vous devez déplacer l'électricité positive[13] dans la

---

[13] Nous choisirons ici un extrait Wikipédia qui seul reprend l'intégralité des recherches associées à ces phénomènes mal compris encore aujourd'hui : La charge électrique est une notion abstraite, comparable à celle de masse, qui permet d'expliquer certains comportements. Contrairement à la masse, la charge électrique peut prendre deux formes, que l'expérience amène à considérer comme « opposées » ; on les qualifie arbitrairement de *positive* et *négative*. Deux charges de même nature, deux charges positives par exemple, se repoussent, alors que deux charges de nature opposée s'attirent. On appelle ce phénomène interaction électromagnétique. L'interaction entre les charges et un champ électromagnétique est la source d'une des quatre forces fondamentales. Ces champs électromagnétiques, en mécanique classique, obéissent aux équations de Maxwell.
À la même époque, Benjamin Franklin imagine l'électricité comme étant un type de fluide invisible présent dans toute la matière. Il pose comme principe que le frottement de surfaces isolantes met ce fluide en mouvement et qu'un écoulement de ce fluide constitue un courant électrique. Il pose également comme principe que la matière contenant trop peu de ce fluide est **chargée**

bobine dans le sens des aiguilles d'une montre. Je peux vous dire que l'électricité positive n'a rien à voir avec la fabrication du pôle Sud d'un aimant dans une bobine. Chaque pôle Sud ou Nord est fabriqué par ses propres aimants de la façon dont ils fonctionnent dans un fil. Cette fabrication d'aimant avec un seul fil, illustre comment tous les aimants sont réalisés.

---

négativement, chargée positivement sinon. Arbitrairement, en tout cas pour une raison qui nous est inconnue, il identifie le terme *positif* avec le type de charge acquis par une tige de verre frottée sur de la soie, et *négatif* avec celui acquis par une tige en ambre frottée avec de la fourrure. Nous savons maintenant que le modèle de Franklin était trop simple. La matière se compose réellement de deux genres d'électricité : les particules appelées *protons* qui portent une **charge électrique positive** et les particules appelées *électrons* qui portent une **charge électrique négative**. Le courant électrique peut avoir différentes causes : un écoulement de particules négatives ou un écoulement de particules positives, ou un écoulement de particules négatives et positives dans des sens opposés. Pour réduire cette complexité, les électriciens emploient toujours la convention de Franklin et imaginent le courant électrique, connu sous le nom de *courant conventionnel*, comme constitué d'un écoulement de particules exclusivement positives. Le courant conventionnel simplifie les concepts et les calculs, mais masque le fait que dans quelques conducteurs (électrolytes, semi-conducteurs et plasma) les deux types de charges électriques se déplacent dans des directions opposées, ou que dans les métaux, les charges négatives sont quasi exclusivement responsables de la circulation du courant. Ces derniers paramètres sont l'affaire des scientifiques de recherche sur le sujet et des ingénieurs de conception en électrotechnique et électronique. (Extrait Wikipédia charge électrique).

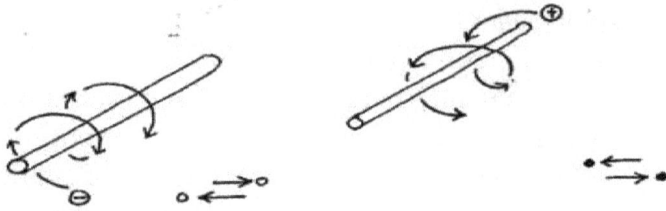

Dans une batterie de voiture les aimants de pôle Nord sortent de la borne positive et les aimants de pôle Sud sortent de la borne négative. Les deux types d'aimants se déplacent, d'un type d'aimant contre l'autre type, et ils se déplacent dans le même modèle à vis droite.[14] En utilisant le même mouvement tourbillonnant ils se déplacent d'un type d'aimant contre l'autre type, ils projettent leurs propres aimants du fil dans des directions opposées. C'est pourquoi, si vous mettez l'aimant métallique en travers du fil de cuivre, l'une des extrémités est le pôle Nord et l'autre extrémité est le pôle Sud.

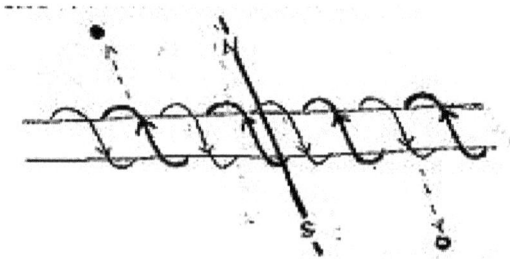

---

[14] À la manière d'une vis sans fin.

- Obtenez quatre morceaux de fil de taille seize, de six pouces de long, deux en cuivre et deux en fer doux,[15]
- pliez une extrémité de chaque fil de sorte que les clips puissent mieux les maintenir,
- utilisez d'abord le fil de cuivre,
- mettez les deux fils dans les clips,
- les connectez avec la batterie, avoir les extrémités du fil carré,[16]
- maintenant mettez les bouts libres ensemble et retirez-les.

Alors vous remarquerez que quelque chose vous retient (retient les fils).

Q) Qu'est-ce que c'est ? Ce sont les aimants.

Quand vous avez mis les extrémités (de fil) ensemble, les aimants de pôle Nord et Sud sont passés d'un fil à l'autre, et en le faisant ils attirent les extrémités de fil ensemble.

---

[15] Le terme **fer doux** désigne à la fois le fer et l'acier doux. La principale propriété de ce fer est qu'il s'aimante facilement et perd rapidement sa capacité d'aimantation une fois qu'il n'est plus soumis à un champ magnétique. Ces matériaux possèdent un champ coercitif inférieur à 1 000 A/m. Pour rappel, il s'agit de la valeur qu'un champ extérieur doit dépasser pour inverser la direction du flux magnétique dans le matériau.

[16] Avoir les extrémités du fil aplaties

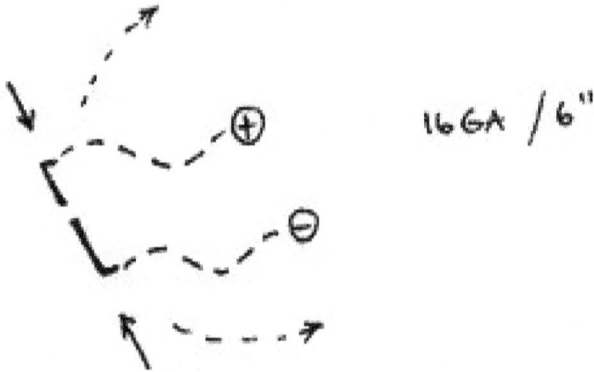

Vous verrez l'espace laissé où se trouvaient les aimants

Quand vous mettez les extrémités ensemble, les aimants de pôle Nord et Sud sont passés d'un fil à l'autre.

S'ils ne peuvent pas passer à l'autre fil, ils élargissent le fil et créent une bulle en expansion avec des étincelles de métal qui en sortent. Quand la bulle est froide, la casser.

- Maintenant mettez les fils de fer (doux) dans les clips,
- mettez les extrémités libres toutes ensemble,
- retirez-les. Cette fois les aimants passants (d'un fil à l'autre) maintiennent les extrémités des fils ensemble solidement,
- mettez les extrémités ensemble plusieurs fois, ainsi vous verrez quelles extrémités de fil deviennent rouge en premier, et laquelle fera à la fin la bulle la plus grande, . . . alors regardez les petites étincelles sortir des bulles,

- étirez les bulles pendant qu'elles sont sous forme liquide,

Ainsi vous verrez dans la bulle que quelque chose tourbillonne autour (à l'intérieur).

Ces petites étincelles que vous voyez sortir de la bulle, elles ne sont pas l'aimant, mais les aimants sont ceux qui projettent les étincelles hors des bulles.

Lorsque tous les aimants qui sont dans le fil (de fer), s'ils ne peuvent pas passer à l'autre fil, ils étendent la bulle et se déplacent en dehors et transportent avec eux les étincelles de métal. Lorsque la bulle est froide, brisez-la, ainsi vous verrez l'espace laissé là où les aimants étaient.[17]

---

[17] Vous verrez une partie plus foncée où il n'y avait aucun aimant.

LES BATTERIES NE SONT PAS ÉQUILIBRÉES

Parfois il y a plus d'aimants au pôle Nord qu'il n'y a d'aimants de pôle Sud.

Ils doivent être égaux.

Ceci inclut que les générateurs ne se déplacent pas dans le cadre ou la base des aimants pôle Sud.

- Obtenez deux pièces de bois, (de dimension) d'un par six pouces, et d'un pied de long,
- clouez-les ensemble de sorte qu'une se trouve à plat sur le plancher et l'autre au-dessus les bords de haut en bas (posé verticalement sur l'autre).
- découpez une encoche dans l'extrémité de la partie (de la planche) supérieure, de quatre pouces de profondeur et aussi haute que pour tenir un morceau de bois ou de laiton qui tiendrait calées les pointes d'une aiguille dans ses extrémités, aussi qu'elle ait un trou au milieu pour tenir l'aimant de trois pieds.

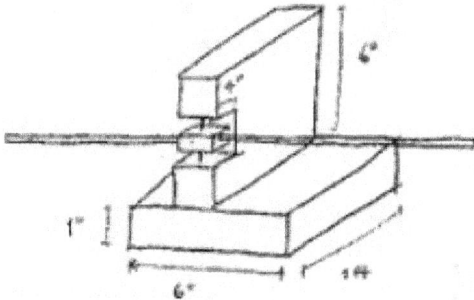

- équilibrez l'aimant de sorte qu'il s'arrête sur sa position magnétique horizontale,
- maintenant mettez la batterie de voiture du côté Sud, (placez) la borne positive à l'Est et la borne négative à l'Ouest,
- connectez l'extrémité Est du fil de cuivre avec la borne positive,
- et connectez l'extrémité Ouest du fil de cuivre avec le plomb (de la batterie) du côté Ouest,
- maintenez le fil de cuivre juste au-dessus de l'aimant à un quart de pouce au Nord de l'extrémité de l'aimant,
- tenez-le de niveau et d'équerre,
- touchez la batterie, alors vous verrez l'aimant se balancera vers l'Est,

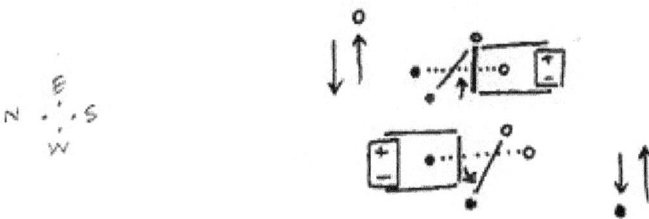

- maintenant mettez la batterie du côté Nord, la borne positive à l'Est, et la borne négative à l'Ouest,
- connectez l'extrémité Ouest du fil de cuivre avec la borne négative,
- connectez l'extrémité Est du fil de cuivre avec le plomb (de la batterie) côté Est,
- mettez le fil de cuivre au-dessus de l'aimant à un quart de pouces au Sud de l'extrémité de l'aimant,
- tenez le fil de cuivre juste au-dessus de niveau et d'équerre,
- touchez la borne positive, alors vous verrez l'aimant se balancera vers l'Ouest.

Si la batterie est bonne, (et que) l'aimant (est) assez fort, la barre aimant bien équilibrée répétera la même chose à chaque fois.

Je pense que les batteries ne sont pas bien réalisées. Parfois il y a plus d'aimants de pôle Nord qu'il n'y a d'aimants de pole Sud. Ils doivent être égaux. Pareil que ceux (les aimants) des générateurs qui ne font pas se déplacer les aimants de pôle Sud dans leur carde ou leur base, mais s'en éloignent directement, (ce sont) les mêmes qui déplacent les aimants de pôle Nord.[18]

---

[18] Il doit y avoir autant d'aimants venant du pôle Sud que du Pôle Nord, les aimants se déplacent dans leur base au-dessus de chaque pôle et voyagent jusqu'au pôle opposé où ils poussent les aimants de l'autre type.

D'après l'expérience suivante vous verrez que la batterie n'est pas bien équilibrée.

– Mettez le fil de cuivre à travers la boîte, une extrémité à l'Est, l'autre extrémité à l'Ouest,
– connectez un fil conducteur d'un pied, à l'Ouest avec l'extrémité Est,
– et l'autre fil avec l'extrémité Ouest,
– accrochez un aimant dans la toile d'araignée,
– mettez l'aimant au même niveau que le fil de cuivre (placé dans la boîte),
– gardez l'extrémité du fil de cuivre un peu éloigné du pôle Nord de l'aimant,
– branchez le fil conducteur (du côté) Est avec la borne positive,
– tapotez la borne négative plusieurs fois avec le clip libre et regardez ce que fait l'aimant.
– changez de borne,
– changez le tapotement,
– déplacez la boîte et le fil de cuivre vers l'extrémité du pôle Sud (de l'aimant), répétez la même chose.

Alors vous remarquerez que parfois l'extrémité du fil de cuivre repousse l'aimant de pôle Nord, et que parfois il l'attire et la même chose arrive avec l'aimant de pôle Sud, aussi parfois il ne fera rien.

Donc cela montre que la batterie est irrégulière.

– Branchez les fils conducteurs avec les bornes de la batterie afin de réaliser une boucle,
– gardez les fils au même niveau que la batterie,

- faites glissez un aimant suspendu au-dessus de la boucle et les connexions entre les bornes de la batterie.

Vous verrez qu'une extrémité de l'aimant reste à l'intérieur de la boucle, et l'autre en sort, et la même chose arrive quand l'aimant croise la connections entre les bornes.

Cette expérience indique que les courants magnétiques des pôles Nord et Sud ne se déplacent pas seulement d'une borne à l'autre, mais se déplacent dans une orbite autour (de la borne) et ne se déplacent pas seulement autour qu'une seule fois, mais ils s'y déplacent plusieurs fois jusqu'à ce que les aimants individuels des pôles Nord et Sud soient jetés hors du fil par la force centrifuge, et par encombrement.

Tandis que les aimants de pôle Nord et Sud sont dans leur propre borne, ils possèdent seulement la force de pousser, ils acquièrent la force d'attraction seulement si l'autre type d'aimant est en face d'eux, comme les aimants permanents si vous mettez l'aimant opposé devant lui, alors ils se tiennent ensemble, de la même manière que vous avez fait avec les fils de cuivre et de fer doux de six pouces de long.

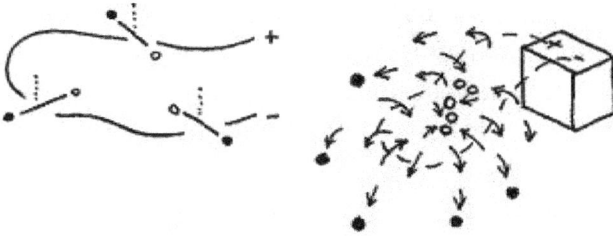

D'après l'expérience avec la batterie de voiture vous pouvez voir que le principe de réalisation des aimants permanents par les courants d'aimants individuels des pôles Nord et Sud se déplacent dans un seul fil de batterie.

Q) Comment les aimants sont-ils entrés là ? . . . Comme je l'ai dit au début, les aimants des pôles Nord et Sud sont la force cosmique, ils tiennent ensemble la terre et tout ce qu'elle contient.[19]

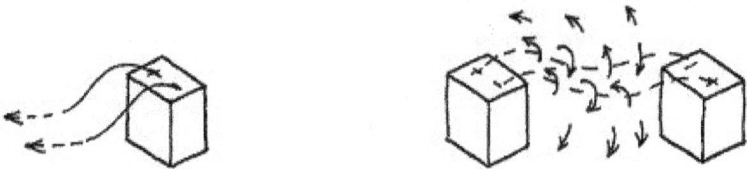

Certains métaux et non-métaux ont plus d'aimant que d'autres. Les aimants des pôles Nord et Sud ont la capacité de se construire et de se détruire, par exemple en soudant

---

[19] Les aimants qui sont dans leur base ou leur cadre invisible des pôles Nord et pôles Sud, attirent dans leur pôle respectif les aimants de l'autre type également, les aimants ce sont les forces cosmiques qui maintiennent la terre elle-même tout ce qu'elle contient.

les aimants, prenez la barre de soudure verticalement, et mettez-la sur la soudure. En galvanoplastie ils mettent un métal l'un sur l'autre, et si vous brûlez trop un métal dans un four électrique le métal disparaîtra dans l'air.[20]

Les aimants de pôle Nord et Sud ont été mis dans la batterie d'une voiture par un générateur.

Lorsque les aimants des pôles Nord et Sud sont allés dans la batterie ils ont accumulé une charge qui a maintenu les aimants eux-mêmes.

Plus tard l'acide prend en partie la matière et sépare les aimants, et les renvoie à leur propre extrémité, et de là ils sortent.

Dans d'autres batteries l'acide prend en partie le zinc et envoie les aimants de pôle Nord à la borne positive et tient elle-même les aimants de pôles Sud pour la borne négative.

Quand les raccordements seront faits les aimants sortiront de la batterie et ils sortiront tant que le zinc durera. Quand le zinc aura disparu les aimants auront aussi disparu.

La même chose est vraie si vous mettez du fer dans de l'acide et plusieurs autres métaux, pour l'autre borne ainsi quand les connections seront faites les aimants vont sortir

---

[20] Ed. Leedskalnin est ici très énigmatique sur la technique qu'il utilise.

de la batterie, mais quand le fer sera parti les aimants partent, aussi.

Cela devrait être suffisant pour voir que les aimants des pôles Nord et Sud se maintiennent tous ensemble.

Vous avez vu comment les courants magnétiques sont fabriqués dans la batterie à partir du métal par l'acier. Ensuite je vais vous dire comment les courants magnétiques sont fabriqués par des aimants permanents et électriques et les autres.

FABRICATION DES COURANTS MAGNÉTIQUES AVEC DES AIMANTS PERMANENTS ET ÉLECTRIQUES, ET SANS

Cette fois vous ferez un équipement qui peut être utilisé à quatre fins. Électro-aimant, transformateur, générateur, et porteur de mouvement perpétuel.

- Pliez le fer ou la barre en acier doux d'un pouce et demi de diamètre, pliez-la en forme de U, chaque broche faisant un pied de long et trois pouces entre les pointes,
- Faites deux bobines en laiton ou en aluminium de six pieds de long assez larges pour que la barre (en fer ou en acier doux) aille dedans,
- faites quinze cent tours avec du fil de cuivre isolé, de taille seize, sur chaque bobine,
- mettez-le le plus près possible du coude (de la barre en acier doux que vous venez de plier),
- connectez la batterie avec les bobines afin que chaque courant fonctionne dans les deux bobines en même temps, et de sorte qu'une extrémité de la barre est le pôle Nord et l'autre le pôle Sud.[21] Maintenant vous avez un électro-aimant.

---

[21] Reliez une bobine à la borne positive de votre batterie et l'autre bobine à la borne négative.

Cette fois la même chose sera un transformateur.

Ce ne sera pas rentable, c'est uniquement pour montrer comment fonctionne un transformateur.

- Enroulez une bobine de quinze cent tours avec du fil de cuivre isolé, de taille seize, sur une bobine de moins de trois pouces de long, de sorte que la barre de fer carrée d'un pouce et demi puisse y aller facilement,
- prenez deux barres, une de trois, et l'autre de six pouces de long si possible les avoir à partir de fer feuilleté.[22]
- obtenez deux radios « blue bead »,[23] six ampoules de huit volts,

---

[22] Le terme tôles feuilletées est employé en électrotechnique et en électronique pour désigner l'assemblage de fines tôles de fer doux utilisées pour la fabrication du circuit magnétique d'un certain nombre de bobines, tels que les électroaimants, les transformateurs de toutes puissances, ainsi que les pièces magnétiques de certaines machines électriques tournantes. (Patrick Abati « Circuits magnétique des machines » sur *sitelec.org*, 23 février 2002). Le feuilletage de tôles est fait de l'empilement de tôles d'acier, de même dimension, les unes sur les autres. L'oxydation ou un vernis isolant électrique déposé sur chaque tôle permettent de limiter la circulation du courant d'une tôle à sa voisine afin de réduire les courants de Foucault — « courants vagabonds induits dans les masses conductrices » (« Réduction des courants de Foucault », dans Électronique chap,11 « inductance », p10/14sur *psic.ch*, Éditions de la Dunanche, octobre 2000).

[23] Poste radio de 1945.

- maintenant connectez une ampoule avec la bobine de trois pouces,
- mettez la bobine sans noyau (de fer) entre les extrémités libres des pointes de fer,
- connectez les bobines de six pouces avec la batterie,
- laissez la borne négative libre,
- tapotez la borne négative, alors vous verrez le fil à l'intérieur de l'ampoule tourner au rouge,

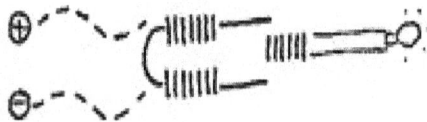

- mettez le noyau de fer dans le trou de la bobine,
- tapotez la batterie, cette fois-ci elle fera de la lumière.

Q) Pourquoi (l'ampoule) n'a t-elle pas fait autant de lumière la première fois ? La batterie a mis autant d'aimant dans les broches de fer la première fois qu'elle l'a fait la dernière fois, mais comme vous le voyez . . . la bobine n'a pas obtenu les aimants.

Maintenant vous pouvez voir que le fer doux a beaucoup à faire pour réaliser des courants magnétiques.

-le fer doux a beaucoup à voir avec la fabrication du courant magnétique-

Le courant magnétique, ou si vous voulez l'appeler courant électrique, ne fait pas de lumière. Nous obtenons la lumière seulement si l'on met dans les ampoules des obstacles.

Dans les ampoules le fil est si petit que tous les aimants ne peuvent pas y passer facilement, ainsi ils chauffent en haut le fil et brûlent et font de la lumière.

Si le fil avait été aussi grand à l'intérieur qu'à l'extérieur de l'ampoule alors il n'y aurait pas de lumière. Alors ces courants d'aimants individuels qui sont dans la bobine se dissoudraient dans l'air.

Les deux courants individuels d'aimants de pôle Nord et Sud qui sortent de la batterie d'une voiture (et) qui sont allés dans le transformateur étaient des courants continus. Mais la lumière dans l'ampoule a été causée par les courants alternatifs.

(Gardez à l'esprit qu'il y a toujours deux courants, un courant seul ne peut pas fonctionner. Pour se déplacer ils doivent se déplacer l'un contre l'autre.)

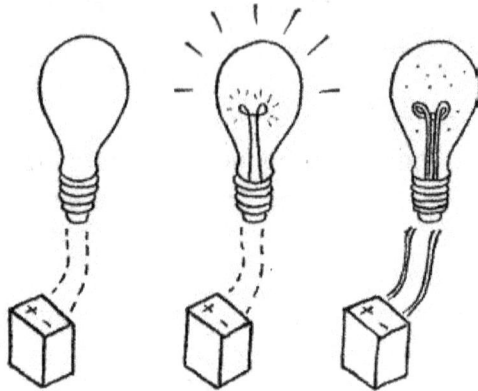

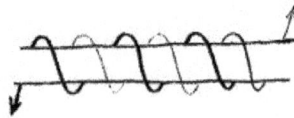

ALL CURRENTS ALTERNATE SO...

AP / DP - ALTERNATING POLE
          - DIRECT POLE

DP / AP

Vous avez transformé en nature les courants. Maintenant je vais vous dire comment transformer les courants en force.

Pour faire une tension plus élevée, vous enroulez la bobine avec un fil plus petit et avec plus de tours et pour avoir moins de tension, vous enroulez la bobine avec un fil plus gros et moins de tours.

La différence maintenant est que ce transformateur fait alterner les courants à partir de courant continu et les lignes électriques des transformateurs utilisent des courants alternatifs pour faire des courants alternatifs.

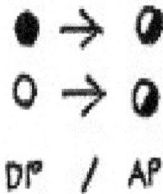

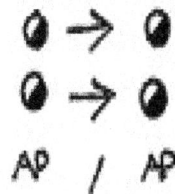

Dans ce transformateur, les extrémités des broches de fer restent de même polarité magnétique, mais dans les lignes électriques des transformateurs les polarités s'alternent. Dans les lignes électriques des transformateurs seulement les courants sont en mouvement et dans ces transformateurs les courants sont en mouvement et vous l'êtes aussi.

Maintenant sur un générateur.

En premier lieu, tous les courants sont alternatifs. Pour obtenir des courants continus, nous devons recourir à un commutateur.[24]

Transformateurs et générateurs dans de multiples descriptions réalisent les courants de la même manière, en remplissant le noyau de fer la bobine avec des aimants et laissant le noyau de fer les pousser vers l'intérieur et dans la bobine.

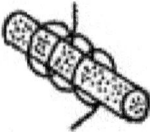

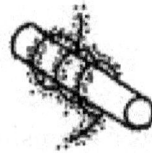

- Connectez la batterie avec l'électro-aimant. Ce sera un champ magnétique maintenant,

---

[24] Commutateur électrique : Appareil destiné à couper, à rétablir, à inverser le sens du courant électrique, ainsi qu'à le distribuer à volonté dans différents circuits.

- mettez la bobine de trois pouces entre les broches de fer,
- et sortez-la,
- faites-le vite.
- répétez (l'opération),

alors vous aurez une lumière constante dans l'ampoule.

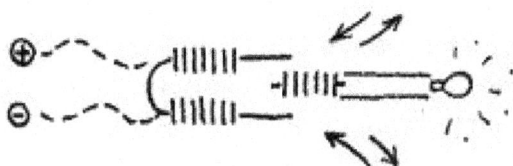

Maintenant vous et le champ magnétique êtes un générateur.

Supposons que vous ayez une roue et de nombreuses bobines autours de la roue tournante, autant que l'on veut. Vous ferrez toutes sortes de lumières. Ne faites pas la machine, j'ai déjà la demande de brevet à l'office des brevets. J'ai construit dix machines différentes pour faire des courants magnétiques, mais j'ai trouvé cette combinaison entre les champs magnétiques et les bobines la plus efficace.[25]

---

[25] J'ai essayé de retrouver le brevet déposé par Edward Leedskalnin au Patent office des USA. Je n'ai malheureusement pas mis la main dessus encore aujourd'hui.

- Mettez la bobine lentement et sortez-la lentement (entre les broches de fer), alors vous n'aurez plus de lumière.

Cela montrera, que pour faire des courants magnétiques, le temps est important.

- Mettez la barre carrée de six pouces de long sur le dessus des deux broches de fer, ajustez-la bien, ce doit être identique.
- connectez les fils de la batterie avec l'électro-aimant pendant un moment,
- maintenant déconnectez la batterie,
- connectez l'ampoule avec l'électro-aimant de la même façon qu'il a été connecté avec la batterie,
- maintenant tirez la barre longue de six pouces, faites-le vite, alors vous verrez la lumière dans l'ampoule,

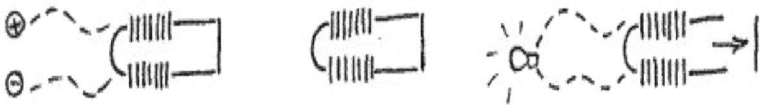

- connectez de nouveau la batterie avec l'électro-aimant,
- mettez la barre en travers des broches de fer,
- tenez un peu,
- déconnectez la batterie.

Maintenant l'électro-aimant détient le mouvement perpétuel.[26] S'il n'est pas dérangé, il durera indéfiniment. Je l'ai tenu dans cette position pendant six mois, et quand j'ai enlevé la barre de six pouces j'ai obtenu autant de lumière que j'en ai eu la première fois.

Cette expérience montre que si vous faites démarrer dans une orbite les aimants individuels de pôle Nord et Sud, alors ils ne s'arrêteront jamais.

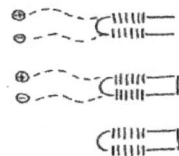

---

[26] Le **mouvement perpétuel** désigne l'idée d'un mouvement (généralement périodique), au sein d'un système, capable de durer indéfiniment sans apport extérieur d'énergie ou de matière, ni transformation irréversible du système. L'académie des sciences de Paris a décidé de ne plus examiner de machines basées sur le principe du mouvement perpétuel à partir de 1775.

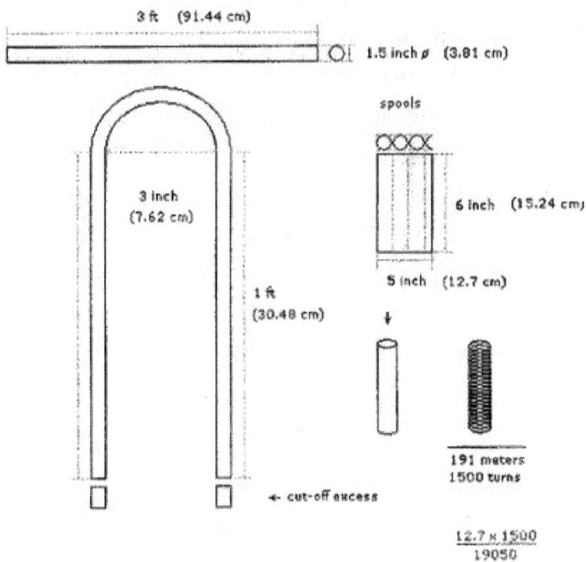

3 ft (91.44 cm)

1.5 inch ∅ (3.81 cm)

spools

3 inch
(7.62 cm)

6 inch (15.24 cm)

1 ft
(30.48 cm)

5 inch (12.7 cm)

191 meters
1500 turns

← cut-off excess

$$\frac{12.7 \times 1500}{19050}$$

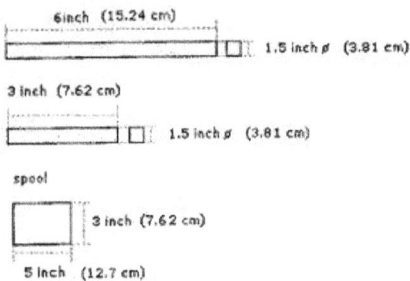

6 inch (15.24 cm)

1.5 inch ∅ (3.81 cm)

3 inch (7.62 cm)

1.5 inch ∅ (3.81 cm)

spool

3 inch (7.62 cm)

5 inch (12.7 cm)

PERPETUAL MOTION HOLDER

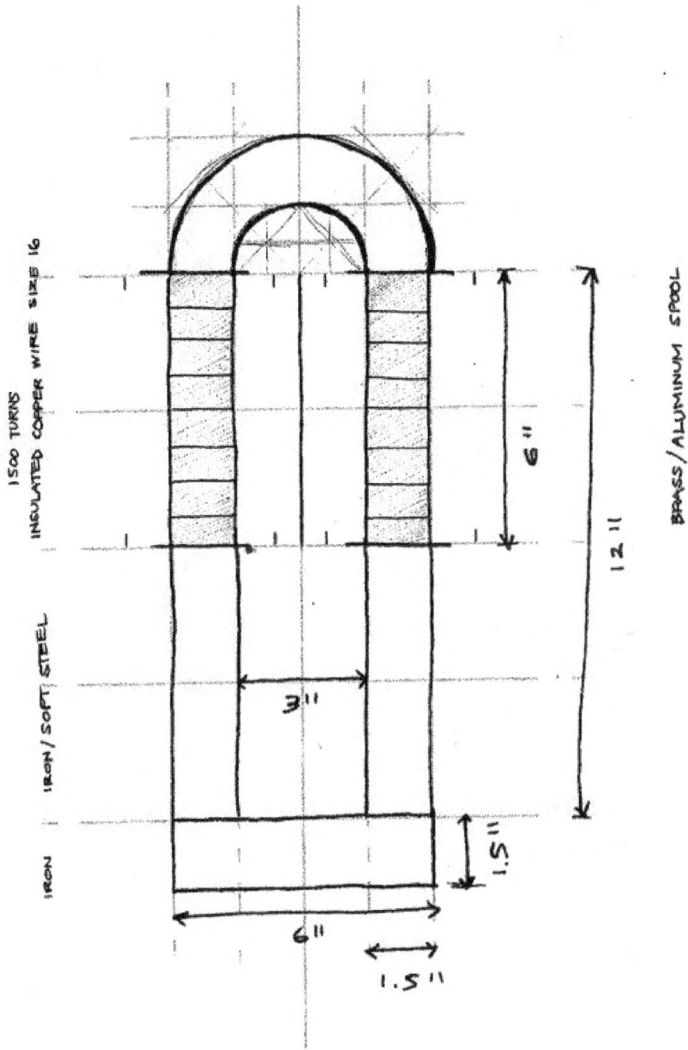

1500 TURNS
INSULATED COPPER WIRE SIZE 16

IRON / SOFT STEEL

IRON

BRASS / ALUMINUM SPOOL

6"

12"

3"

1.5"

6"

1.5"

Les aimants suspendus qui pendent verticalement, montrent qu'il y a du mouvement à l'intérieur de la barre.

- Tenez l'aimant de pôle Nord détenteur du mouvement perpétuel -ou l'extrémité de pôle Est- (de l'électro-aimant), et la borne aimant de pôle Sud -ou l'extrémité pôle Ouest- (de l'électro-aimant).
- maintenant levez-le lentement vers l'aimant suspendu de pôle Sud, ainsi vous verrez que le pole Sud de l'aimant suspendu se balance vers le Sud.
- maintenant mettez le détenteur du mouvement perpétuel sous l'aimant suspendu de pôle Nord,
- levez lentement, alors vous verrez le pôle Nord de l'aimant suspendu se balance vers le Nord.

Cette expérience montre sans aucun doute que les aimants individuels des pôles Nord et Sud se déplacent dans la même direction que ceux dans le fil de cuivre, lesquels sortent de la batterie d'une voiture, et dans ces deux cas, alors que les aimants avancent dans un mouvement tourbillonnant, ils utilisent une « torsion à droite ».[27]

---

[27] La **loi de Coulomb** signifie, en électrostatique, une force d'interaction électrique entre deux particules chargées électriquement. Elle est appelée comme ceci d'après le physicien français Charles-Augustin Colomb qui l'a formulée en 1785. Elle forme les fondements de l'électrostatique. Elle se résume ainsi :

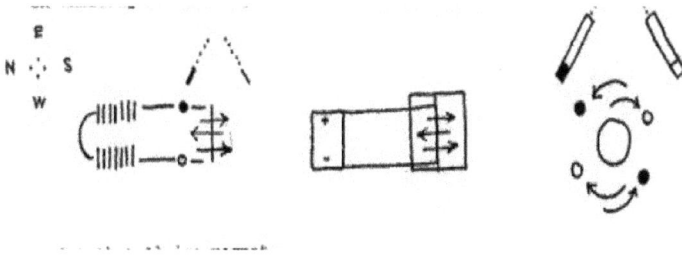

- Obtenez cet aimant Alnico
- puis faites-en sorte que vous puissiez le faire tourner si possible à plus de 2000 tours/min.
- connectez l'ampoule avec le détenteur du mouvement perpétuel,
- mettez-le sur l'aimant Alnico en rotation dans le trou entre les pointes (de l'aimant en forme de U) et la barre de fer carrée,
- tournez maintenant l'aimant Alnico autour et voir la quantité de lumière que vous obtenez.
- retirez maintenant la barre de fer, ainsi vous obtiendrez plus de lumière.

Il montre que s'il est fermé, une partie des aimants qui étaient dans les broches, se déplace autour d'une orbite, et n'en sortira pas. Mais quand l'orbite est interrompue, alors ils se déplacent dans la bobine et le résultat en sera plus de lumière.

« L'intensité de la force électrostatique entre deux charges électriques est proportionnelle au produit des deux charges et est inversement proportionnelle au carré de la distance entre les deux charges. La force est portée par la droite passant par les deux charges. » C-A.Colomb

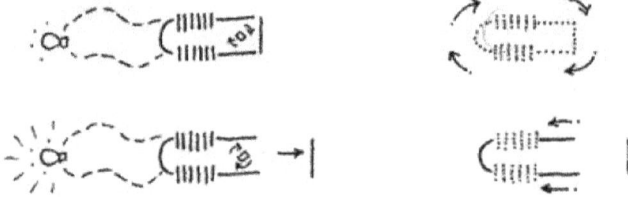

- Mettez une boîte en papier avec beaucoup de limaille de fer dedans sur l'horizontale de l'aimant Alnico en rotation, alors vous verrez comment l'aimant rotatif construit des crêtes et fossés,
- maintenant placez l'aimant pour qu'il puisse être tourné verticalement.[28]
- faites tourner l'aimant, alors vous verrez la limaille en déplacement contre le mouvement et les constructions de crêtes et fossés,
- mettez une limaille plus fine (dans la boîte en papier), ainsi il y aura de plus fines crêtes et fossés,
- tournez (l'aimant Alnico) dans un sens puis dans l'autre sens,

---

[28] Nous avons étudié le sens de sa phrase pour qu'elle vous paraisse moins énigmatique ce qui nous donne : placez une boîte en papier avec dedans beaucoup de limaille de fer et placez la au-dessus de l'aimant Alnico que vous aurez mis en position verticale sur un plancher plat. Ensuite changez le de position et mettez-le en position verticale sous la boîte en papier, dans les deux cas la limaille de fer formera de vagues.

Alors vous aurez une idée approximative de comment les aimants constituent la matière.

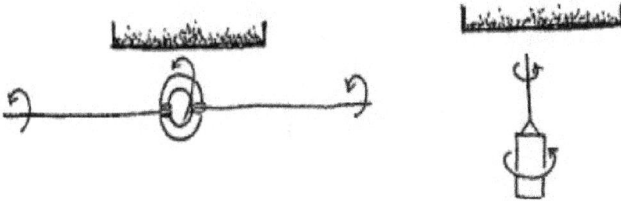

Vous fabriquez des courants magnétiques de trois façons différentes, mais en principe ils sont tous réalisés exactement de la même manière.

Les courants magnétiques sont réalisés par concentration, puis en divisant et ensuite en déplacant les aimants individuels des pôles Nord et Sud d'un endroit à un autre.

Maintenant je vais illustrer comment fait ma meilleure machine.

Je n'utiliserai qu'une bobine, et un aimant permanent en forme de U, sans utiliser l'enroulement qu'utilise la machine pour augmenter la puissance de l'aimant permanent.

– Si vous aviez un aimant permanent comme la bobine que vous (avez) utilisez (et) que l'électro-aimant va (parfaitement) entre les deux broches de fer de celui-ci, alors ce serait bien que vous le démontriez, mais si vous n'en n'avez pas, alors utilisez le même que celui que vous avez.[29]

– obtenez un noyau de fer de même dimension que dans la bobine de trois pouces, mais assez long pour aller entres les broches de l'aimant permanent,
– enroulez-le du même nombre de tours (1500 tours de fil de cuivre isolé) et,
– connectez-le avec l'ampoule.

---

[29] Nous laisserons à la libre interprétation de chacun ce passage

- collez bien l'aimant permanent en forme de U
(avec le noyau de fer), penchez-le, les broches
vers le bas, (le côté) Nord (du côté du) pôle
Nord. (le côté) Sud (du côté du) pôle Sud,
- maintenant poussez la bobine à travers les
broches d'Ouest en Est,
- faites-le vite,

alors il y aura de la lumière dans l'ampoule,

- maintenant poussez la bobine et arrêtez vous
au milieu, puis poussez encore,...cette fois
vous aurez deux lumières tandis que la bobine
est passée seulement une fois par les broches
de l'aimant.

Vous aviez la première fois également deux lumières,
mais vous n'avez pas remarqué qu'elles sont venues
rapidement (et) successivement. Lorsque vous avez
poussé le milieu de la bobine vers le milieu du champ

magnétique les courants se sont déplacés dans une direction, et quand vous avez poussé la bobine loin du milieu du champ magnétique, alors les courants inversés se sont ensuite déplacés dans l'autre sens.[30]

C'est pourquoi vous avez eu deux flashes de lumière lorsque que la bobine a traversé le champ magnétique une seule fois.

Ici voici la manière dont les courants individuels des aimants de pôle Nord et Sud se sont déplacés pendant que vous poussiez la bobine d'Ouest en Est à travers le champ magnétique.

- Retirez le noyau hors de la bobine,
- enroulez une couche de fil (de cuivre) sur le noyau et faites-en sorte que l'extrémité côté Nord de l'enroulement du fil pointe à l'Est et l'extrémité côté Sud de l'enroulement du fil pointe à l'Ouest,

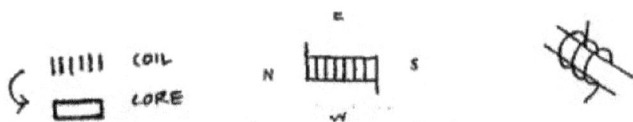

Lorsque vous avez poussé la bobine au milieu du champs magnétique, le courant magnétique (ou flux magnétique) de pôle Nord est sorti de l'extrémité du fil qui pointe vers l'Est, et le courant magnétique de pôle Sud est

---

[30] Les courants se sont inversés lorsque vous avez retiré la bobine du milieu des broches de l'aimant.

sorti de l'extrémité du fil qui pointe vers l'Ouest, mais quand vous avez poussé la bobine loin du milieu du champ magnétique les courants se sont inversés, alors le courant magnétique pôle Nord est sorti de l'extrémité du fil de la bobine qui pointe vers l'Ouest, et le courant magnétique pôle Sud est sorti de l'extrémité du fil de la bobine qui pointe vers l'Est.

Avec le même enroulement si le champ magnétique de pôle Nord avait été du côté Sud, et le champ magnétique (de pôle) Sud du côté Nord, alors le déplacement des courants se serait inversé.

Lorsque les courants s'inversent, ils inversent les pôles magnétiques dans la bobine. Chaque fois que la bobine s'approche des champs magnétiques, les courants (magnétiques) qui sont réalisés dans la bobine pendant ce temps fabriquent les pôles magnétiques dans les extrémités du noyau de la bobine, (ce sont) les mêmes que ceux des pôles du champ magnétique qu'ils approchent, mais pendant le temps où la bobine recule, ces courants font que les pôles de l'aimant de la bobine sont opposés au champ magnétique dont ils sont en retrait.

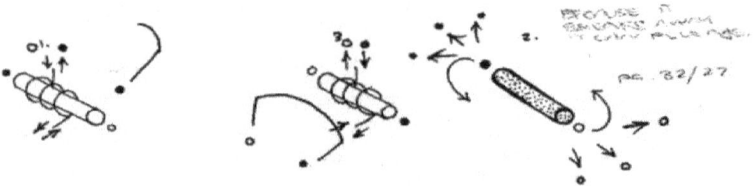

Tandis que vous avez la petite bobine à portée de main je vous en dirai plus à propos des aimants.

- Faites passez le courant magnétique de pôle Sud dans l'extrémité du fil (enroulé) qui pointe vers l'Ouest, et,
- le courant magnétique de pôle Nord dans l'extrémité du fil (enroulé) qui pointe vers l'Est,
- Maintenant l'extrémité Nord de la bobine est le pôle Sud et l'extrémité Sud de la bobine est le pôle Nord,
- maintenant faites passez le courant magnétique de pôle Nord dans l'extrémité Ouest du fil, et l'aimant pôle Sud dans l'extrémité Est du fil. Cette fois l'extrémité Nord de la bobine sera le pôle Nord et l'extrémité Sud de la bobine le pôle Sud.

Vous avez fait des aimants d'un pouce de long avec un seul fil (de cuivre), mais si vous aviez

- la même taille de fil dans une bobine que ce que vous avez maintenant
- et que vous mettez une plus grande barre d'acier dans la bobine alors vous auriez un aimant plus grand et plus puissant.

mais pour faire un aimant encore plus puissant, vous devrez

- Enrouler plus de couches sur le dessus de la bobine que ce que vous avez maintenant.

Quand vous avez fait les petits aimants avec un seul fil de cuivre vous avez gaspillé trop d'aimants individuels de pôle Nord et Sud. Vous avez seulement obtenu dans le fil d'acier de très petites parties d'aimants qui sont sorties du fil de cuivre. Vous avez encore perdu des aimants des pôles Nord et Sud. Vous ne recevez pas la moitié des aimants

dans la barre d'acier ou de fer de ceux qui sont dans la
bobine. Pour obtenir plus d'aimant d'une bobine

–   mettez la bobine dans un tube d'acier ou de fer,
    ainsi le tube à l'extérieur de la bobine sera un
    aimant de même (type) que le noyau de la bobine,
    mais les pôles magnétiques seront opposés. Cela
    signifie qu'à la même extrémité de la bobine si
    l'extrémité du noyau est pôle Nord l'extrémité du
    tube sera pôle Sud. De cette façon vous obtenez
    presque autant d'aimants hors de la bobine que
    dans le noyau et dans le tube (d'acier ou de fer).

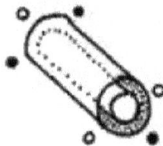

Vous pouvez faire encore mieux,

–   joignez une extrémité de l'extrémité du noyau
    de la bobine avec le même métal,
–   assemblez le noyau (de la bobine) avec le tube
    (et) faites deux trous dans le milieu de
    l'extrémité du métal pour (en) sortir les
    extrémités du fil de la bobine

– attachez un anneau sur le dessus[31]

Maintenant vous avez le client le plus efficace pour le levage l'électro-aimant.

Il ne gaspille pas d'aimant qui provienne de votre batterie ou dynamo.

– Retirez la bobine de l'électro-aimant
– faites passer les courants dans la bobine,[32]
– mettez une extrémité d'une barre d'acier dur au pôle Nord de la bobine,
– tenez un peu,
– (puis) éloignez-la,

maintenant la barre (d'acier dur) est un aimant permanent.

L'extrémité à côté de la bobine est l'aimant pôle Sud et l'autre aimant pôle Nord. Maintenant cet aimant permanent peut faire d'autre barre d'acier dur aimant

---

[31] Nous pensons ici qu'il parle d'un anneau en fil de fer ou d'acier.

[32] Réalisez la même opération que précédemment.

permanent mais chaque aimant qu'il fera sera plus faible que lui-même.[33]

La bobine a fabriqué cet aimant permanent de la même manière que les aimants permanents fabriquent d'autres aimants permanents.

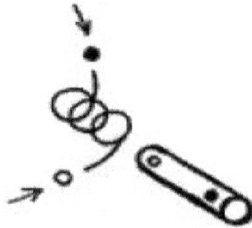

- Mettez cet aimant permanent dans le trou de la bobine,
- inversez-le. Mettez l'extrémité de pôle Nord de la barre à l'extrémité de pôle Sud de la bobine,
- faites passez le courant dans la bobine pendant un certain temps,
- sortez la barre,

maintenant vous avez un aimant permanent plus puissant, mais les pôles en sont inversés

---

[33] Maintenant cet aimant permanent pourra fabriquer d'autres barres d'acier dur qui seront elles aussi aimants permanents mais chaque barre aimantée qu'il fabriquera sera plus faible que la précédente.

Cela montre que l'aimant le plus puissant peut modifier l'aimant le plus faible.

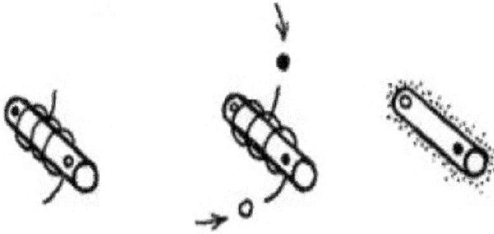

Lorsque vous avez poussé la bobine à travers l'aimant en forme de U, vous avez obtenu deux flashs dans l'ampoule avec un seul passage à travers l'aimant en forme de U, et je vous ai montré de quelles extrémités du fil de la bobine les courants sont sortis alors qu'ils faisaient les flashs.

Maintenant je vais le faire afin que vous puissiez voir que c'est comme je vous l'ai dit.

–   Retirez l'ampoule de la bobine,
–   mettez le noyau (de fer) dedans,

- connectez la bobine avec une boucle qui atteindrait l'aimant en forme de U à six pied à l'Est.[34]
- gardez l'extrémité de la boucle un pied à l'écart,
- tendez le côté Sud du fil (qu'il soit) droit, (et) faites en sorte qu'il ne puisse pas bouger,
- obtenez ces petits aimants suspendus qui pendent une extrémité vers le haut, l'autre vers le bas,[35]
- accrochez l'aimant de pôle Sud sur la boucle du fil,
- maintenant poussez la bobine à travers l'aimant en forme de U et regardez l'aimant suspendu. En premier il se balancera au Sud, puis (ensuite) au Nord.

- maintenant suspendez l'aimant pôle Nord sur le fil, regardez encore pendant que vous poussez la bobine à travers l'aimant

---

[34] Utilisez des fils conducteurs.

[35] Les aimants découpés dans les expériences précédentes de polarité Nord et sud qui pendent verticalement.

en forme de U, cette fois d'abord il va se
balancer au Nord, puis au Sud,

— accrochez les deux aimants, regardez à nouveau et
vous verrez que les deux aimants en même temps vont
d'abord se balancer vers leur propre côté et ensuite de
l'autre côté.[36]

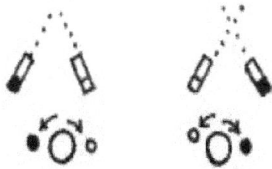

Si les aimants suspendus ne se balancent pas lorsque
vous poussez la bobine à travers l'aimant en forme de U,
alors (c'est que) l'aimant en forme de U n'est pas assez
puissant. L'aimant en forme de U doit être assez puissant
afin de soulever vingt livres. Vous pouvez mettre deux
aimants ensemble ou utiliser l'électro-aimant, et encore
mieux vous pouvez mettre la bobine dans l'électro-aimant,
alors vous n'aurez pas à la pousser. Ensuite vous pouvez
vous asseoir et tapotez la batterie et regardez les aimants

---

[36] Réalisez tout ceci en accrochant l'ensemble à la toile d'araignée.

suspendus se balancer. Si vous voulez utiliser l'électro-
aimant, assurez-vous que le pôle Nord est du côté Nord, et
le pôle Sud du côté Sud, et mettez la bobine dans les
broches (de l'aimant en forme de U) de la même manière
qu'elle est maintenant.

**Tous les courants sont fabriqués de la même manière
en remplissant la bobine et le noyau de fer avec des
aimants individuels de pôle Nord et Sud et en laissant
ensuite le temps pour les aimants de sortir et de
recommencer.**

Maintenant je vais vous dire ce qui est arrivé à l'aimant
en forme de U lorsque vous avez poussé la bobine à travers
lui d'Ouest en Est.

- Mettez en place l'aimant de trois pieds afin qu'il
  puisse tourner,
- mettez la bobine avec le noyau (de fer) dedans
  dans l'aimant en forme de U,

- maintenant approchez le pôle Sud de l'aimant de trois pied avec le pôle Sud de l'aimant en forme de U,
- dès que l'aimant de trois pieds commence à bouger arrêtez-vous et marquez la distance,
- retirez la bobine, approchez-la de nouveau,
- dès que l'aimant de trois pieds commence à s'éloigner, alors arrêtez et marquez la distance,

ensuite vous pouvez voir combien de puissance l'aimant en forme de U a perdu lorsque vous avez poussé la bobine dedans, et (aussi) à moitié en dehors de l'aimant en forme de U.[37]

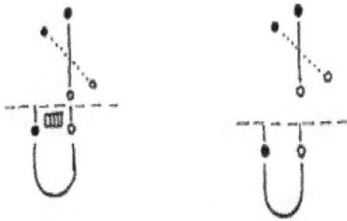

L'aimant en forme de U a perdu de sa puissance jusqu'au moment où il a commencé à se détacher du noyau de fer, mais pendant le temps où l'aimant en forme de U a rompu (le contact) il a retrouvé de sa puissance. La rupture (de contact) au loin du noyau de fer a rechargé l'aimant en forme de U, puis il est revenu à la normale et

---

[37] Tout au long de cette expérience, notez la distance à laquelle l'aimant se sera déplacé, vous verrez la perte de puissance de l'aimant en forme de U lorsque la bobine passe successivement dedans, puis lorsqu'elle s'en éloigne également.

est prêt pour le prochain passage. Pendant le rechargement la nouvelle alimentation d'aimants venait de l'air ou du champ magnétique (flux) terrestre.[38]

Maintenant nous voyons comment les courants magnétiques sont fabriqués par l'aimant en forme de U.

Vous savez déjà qu'avant que la bobine ne soit entrée entre les broches de l'aimant en forme de U, de petits aimants individuels sortaient dans toutes les directions des broches de l'aimant en forme de U, mais dès que le noyau (de fer doux) de la bobine est venu à une distance effective des broches de l'aimant en forme de U, alors ces petits aimants individuels ont commencé à se déplacer dans le noyau de la bobine et ont continué à fonctionner jusqu'à ce que le noyau ait rompu (le contact) en s'éloignant des broches de l'aimant en forme de U.

Maintenant vous avez pu voir ces petits aimants individuels se déplaçant hors de l'aimant en forme de U, et

---

[38] Lorsque l'aimant se recharge quand il est éloigné de la bobine, d'autres aimants viennent le recharger, cette nouvelle alimentation en aimant provient du champ ou flux magnétique de la terre.

84

se déplaçant vers le noyau de fer doux, mais le noyau de fer doux n'a jamais tenu les aimants, il les repoussait.

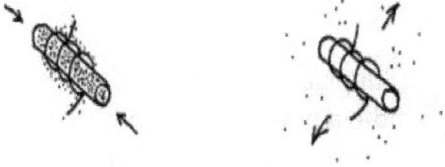

Pour le prouvez, vous

- mettez cinq ou six bandes de fer mince sur le bord,[39]
- inclinez-les juste (assez) pour qu'elles tiennent le coup,
- maintenant approchez de l'extrémité des bandes avec un aimant et vous allez voir qu'elles tiennent le coup,
- maintenez les extrémités des bandes un peu lâches, alors elles s'écarteront (voir schéma ci-dessous).

Je pense que cela suffit à démontrer que le fer doux n'a jamais tenu ces aimants. Il les repoussait. Dès que ces petits aimants individuels sont poussés hors du noyau de fer doux, alors ils se déplacent dans la bobine.

---

[39] Nous pensons qu'il parle de mettre les bandes de fer mince sur le bord du noyau de fer.

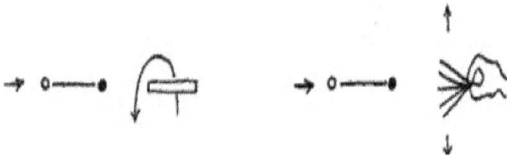

Quand ils se déplacent dans la bobine ils sont en désordre. Le rôle de la bobine est de diviser dans de petits canaux ces petits aimants individuels en désordre.[40]

La bobine n'est pas nécessaire pour réaliser les courants magnétiques. Les courants peuvent être réalisés avec un seul fil. La bobine est nécessaire pour augmenter la quantité et la puissance des courants. La bobine est semblable à n'importe quelle cellule de batterie. Une cellule seule ne représente rien. Pour être bonne, de nombreuses cellules doivent être présentes dans une batterie. De même dans une bobine pour être bonne une bobine doit comporter beaucoup de tours (de fil de cuivre).

---

[40] Le rôle de la bobine est de répartir donc d'organiser ces petits aimants en plusieurs canaux.

Lorsque les aimants qui sont en désordre entrent dans la bobine, alors la bobine les divise en de petits canaux. C'est réalisé de cette façon.

Quand les aimants entrent dans la bobine en désordre, ils remplissent le fil de la bobine avec des aimants individuels de pôles Nord et Sud. Les aimants de pôle Nord pointent dans la direction du pôle Sud de l'aimant en forme de U et (les aimants) de pôle Sud pointent dans la direction du pôle Nord de l'aimant en forme de U.

Maintenant le fil dans la bobine est un aimant continu. Un côté du fil est le pôle Sud et l'autre le pôle Nord.

Maintenant nous avons ces petits aimants individuels de pôle Nord et Sud dans le fil, mais ils ne se déplacent pas comme nous le voulons. Ils se déplacent en travers du fil.

Nous voulons que les aimants se déplacent dans le sens de la longueur, aussi il n'y a qu'une seule façon de le réaliser, nous devons augmenter le nombre de ces aimants de pôles Nord et Sud. Pour ce faire, la bobine devra approcher et entrer (entre les broches) dans l'aimant en forme de U, mais lorsque la bobine atteint le milieu de l'aimant en forme de U, la limite est là, donc le déplacement des courants s'arrêtent.

Dans le noyau et la bobine il y a beaucoup de ces petits aimants, mais ils s'arrêtent de se déplacer à travers le fils dans le sens de la longueur, maintenant ils se déplacent seulement en travers du fil de la bobine.

Pour faire tourner les aimants dans le fil dans le sens de la longueur de la bobine, elle devra s'éloigner de l'aimant en forme de U. Dès que la bobine commencera à s'éloigner de l'aimant en forme de U, alors ces petits aimants individuels de pôles Nord et Sud commenceront à se déplacer à nouveau à travers le fil dans le sens de la longueur, mais en direction opposée jusqu'à ce que les aimants dans le noyau de fer aient tous disparu.

Je vous ai dit que la bobine est un aimant pendant que les courants sont réalisés. Maintenant, je vais vous le montrer.

– Obtenez une petite boîte en papier pour qu'elle aille entre les broches de l'aimant en forme de U,
– mettez de la limaille de fer dedans.
– emballez le fer doux de six pouces de long avec le papier,
– mettez le fil (de fer isolé) dans la boîte dans la limaille de fer,
– maintenant mettez la boîte dans l'intervalle des broches de l'aimant en forme de U,
– levez le fil vers le haut, alors vous verrez les brins de limaille s'accrocher au fil de fer isolé,
– levez le fil vers le haut doucement, alors les brins de limailles s'affaisseront et tomberont,

- sortez la boîte,
- mettez le fil dans la limaille à nouveau,
- levez-le et vous verrez que le fil n'est plus un aimant. Mais pendant qu'il était entre les broches de l'aimant en forme de U, c'était un aimant.

Cela montre que pendant que la bobine s'est déplacée à travers de l'aimant en forme de U, la bobine est devenue un aimant, mais elle a une double fonction. Certains aimants individuels des pôles Nord et Sud traversent le fil de la bobine en diagonale, et certains parcourent le fil de la bobine dans le sens de la longueur.

Peut être pensez-vous qu'il n'est pas juste d'utiliser du fil de fer afin de démontrer comment les courants magnétiques sont fabriqués, mais je peux vous dire que si je n'utilise pas le noyau de fer de la bobine je peux réaliser plus de courants magnétiques avec une bobine de fer doux que je le peux avec une bobine de fil de cuivre. Donc vous voyez qu'il est parfaitement bien d'utiliser le fil de fer afin de démontrer comment les courants magnétiques sont réalisés. Vous pouvez faire la même chose avec du fil de cuivre en utilisant de la limaille de fer, mais à une plus petite échelle seulement.

Vous avez vu comment les aimants passent en diagonale à travers un fil.

Maintenant je vais vous dire comment ils traversent le fil dans le sens de la longueur.

Avant que les aimants ne commencent à se déplacer à travers le fil dans le sens de la longueur, ils sont alignés dans un carré[41] à travers le fil, un côté du fil est le côté de l'aimant de pôle Nord et l'autre côté est le côté de l'aimant de pôle Sud.

Lorsque la bobine commence à approcher le milieu de l'aimant en forme de U et que les courants commencent à se déplacer, alors les aimants qui sont dans le fil commencent à s'incliner, les aimants du pôle Nord sont orientés vers l'Est de même que l'extrémité du fil de la bobine, là où le courant magnétique de pôle Nord est sorti et les aimants pôle Sud sont orientés vers l'Ouest de même que l'extrémité du fil de la bobine d'où le courant magnétique pôle Sud est sorti.

---

[41] Nous vous remettons la phrase dans la langue d'origine : They are lined up in a square across the wire.

Lorsque la bobine atteint le milieu de l'aimant en forme de U, alors les courants arrêtent de se déplacer. Maintenant les aimants de pôle Nord et Sud sont réorientés à travers le fil de nouveau.

Lorsque la bobine commence à s'éloigner du milieu de l'aimant en forme de U alors les courants commencent à se déplacer, alors les aimants qui sont dans le fil commencent à s'incliner, mais cette fois-ci les aimants du pôle Nord sont orientés vers l'Ouest de la même manière que l'extrémité du fil de la bobine d'où le courant magnétique pôle Nord sort et les aimants du pôle Sud orientés vers l'Est de même que l'extrémité du fil de la bobine d'où le courant magnétique pôle Sud est sorti.

Lorsque la bobine se déplace hors de la distance efficace de l'aimant en forme de U, les courants en fonctions s'arrêtent.

C'est de cette manière que les courants alternatifs sont réalisés. (AP current)

Lorsque les aimants individuels du pôle Nord et du pôle Sud traversent un fil dans le sens de la longueur ils sont inclinés et ils se déplacent vers l'avant tout en tourbillonnant,

Vous pouvez constater l'inclinaison (des aimants individuels dans le fil) en regardant les étincelles quand vous assemblez et en retirez les extrémités du fil de fer doux qui sont (eux-mêmes) connectés par leurs autres extrémités à la batterie.[42]

---

[42] Connectez donc une extrémité de chaque fil à la batterie et reliez les autres ensembles avant de les dissocier.

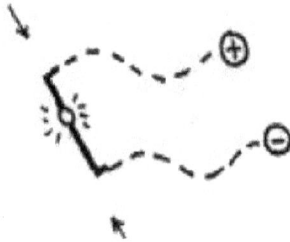

Afin de voir comment les courants sortent du fil de la bobine, regardez les six aimants d'un pouce de long qui se trouvent sur le verre.

– Mettez ces aimants ensemble (en les maintenant) par les mêmes extrémités, puis laissez-les en vrac,

alors vous verrez qu'ils rouleront loin et si vous avez des aimants plus puissants alors ils rouleront (et s'éloigneront encore plus loin),

c'est ainsi que les aimants individuels des pôle Nord et du pôle Sud sortent dans le sens de la longueur du fil de la bobine.

La raison pour laquelle les aimants individuels des pôles Nord et Sud ne passent pas à travers le fil de la bobine aussi vite qu'ils ne se déplacent pendant que la bobine est entre (les broches) l'aimant en forme de U, (c'est que) le fil de la bobine est isolé, il y a (donc) un espace (rempli) d'air autour de chaque fil et comme on sait que l'air sec est le meilleur obstacle afin que les aimants n'y passent, et comme vous savez (également que) la bobine est bien isolée de sorte que l'air humide n'y pénètre pas. C'est bien connu que c'est beaucoup plus facile pour les aimants de se déplacer dans le métal que dans l'air.

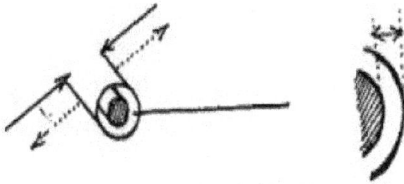

Maintenant vous voyez que lorsque les aimants se déplacent dans le fil ils hésitent à sortir hors du fil de la même manière qu'ils sont venus, donc de nouveaux aimants entrent dans le fil en transversalement, ainsi ils peuvent sortir en travers, afin qu'ils soient poussés à travers le fil dans le sens de la longueur.[43]

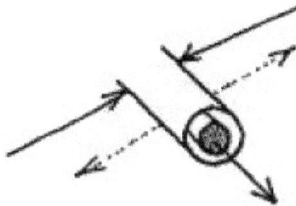

Maintenant vous savez comment les courants magnétiques alternatifs sont réalisés.

---

[43] Nous pensons qu'ici Ed.L. a voulu dire que de nouveaux aimants entrent et sortent du fil transversalement et que certains aimants sont eux réorganisés à travers le fil dans le sens de la longueur.

Vous vous demandez pourquoi les courants alternatifs peuvent se déplacer si loin de leurs générateurs.

Une des raisons est qu'entre chaque moment où les courants démarrent et s'arrêtent il n'y a pas de pression dans le fil, de sorte que les aimants venant de l'air se déplacent dans le fil et quand le déplacement commence il y a déjà des aimants dans le fil qui ne viennent pas du générateur, de sorte que la puissance de la ligne est elle-même un petit générateur qui aide le grand générateur à fournir des aimants pour les courants se déplaçant avec.

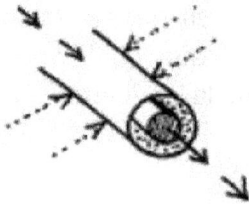

J'ai un générateur qui génère les courants à petite échelle depuis l'air sans utiliser d'aimants autour de lui.

Autre chose, vous vous demandez comment un aimant permanent en forme de U peut garder sa puissance normale indéfiniment. Vous savez que le fer doux ne tient pas les aimants, mais vous en avez déjà un qui le tient.

C'est le détenteur du mouvement perpétuel. Il illustre le principe de la fabrication d'aimants permanents.

Tout ce qui doit être réalisé est d'engendrer le déplacement des aimants dans une orbite, ainsi ils ne s'arrêteront jamais.

Les aimants en forme de U en acier dur ont une orbite interrompue, mais dans des conditions appropriées, ils seront permanents.

Je pense que la structure (même) du métal est la réponse. J'ai deux aimants en forme de U. Ils se ressemblent, mais l'un est un peu plus puissant que l'autre. L'un (est) plus dur (et) peut lever trois (jusqu'à) livres de plus que l'autre plus doux. J'ai trempé d'autres aimants en acier, et j'ai noté que le (métal le) plus dur l'acier devient plus petit (en trempant dans l'acide). Cela montre que le métal est mieux rempli et a moins de trous (d'espace libre) dedans de sorte que les aimants ne peuvent pas passer à travers lui à pleine vitesse, donc ils s'accumulent dans les extrémités des broches. Ils viennent plus vite qu'ils ne peuvent sortir.[44]

---

[44] Nous rappelons que plus haut, Ed nous fait part une nouvelle fois que l'air sec est un obstacle pour les aimants et qu'il circule mieux dans le métal qu'à l'air libre.

Je pense que la capacité à tenir des aimants de la barre de soudure en acier doux est dans la fine structure du métal.

La raison pour laquelle j'appelle les résultats des fonctions de l'aimant de pôle Nord et Sud les courants magnétiques et non courants électriques ou électricité, c'est que l'électricité est trop connectée avec ces électrons non-existants. S'il (le courant magnétique) avait été appelé magnétisme alors je l'aurai accepté. Le magnétisme, indiquerait qu'il y a une base magnétique alors ce serait exact.

Comme je l'ai déjà dit au début, les aimants de pôles Nord et Sud sont les forces cosmiques. Ils tiennent ensemble la Terre et tout ce qu'elle contient, et ils tiennent ensemble aussi la Lune.

L'extrémité Nord de la lune tient des aimants de pôle Sud qui sont les mêmes qu'à l'extrémité Nord de la Terre. L'extrémité Sud de la Lune tient (les aimants de) pôle Nord qui sont les mêmes qu'à l'extrémité Sud de la Terre. Tous ces gens qui se demandent pourquoi la Lune ne descend pas (sur terre). Tout ce qu'ils ont à faire, c'est de donner à la Lune la moitié d'un tour, de sorte que l'extrémité Nord serait du côté Sud, et l'extrémité Sud du côté Nord, et alors la Lune descendrait. À l'heure actuel, la Terre et la Lune ont des pôles magnétiques semblables du même côté, de sorte que leurs propres pôles magnétiques les tiennent écartées,[45] mais quand les pôles sont inversés, alors elles seraient attirées mutuellement. Voici une bonne astuce pour les gens de la fusée.[46] Faites de la tête de la fusée un puissant aimant de pôle Nord, et l'extrémité de la queue un puissant aimant de pôle Sud, et ensuite verrouillez la (fusée) sur l'extrémité Nord de la Lune, ainsi vous aurez plus de succès.

Les aimants des pôles Nord et Sud ne tiennent pas seulement ensemble la Terre et la Lune, ils font aussi tourner la terre autour de son axe. Ces aimants, qui viennent du Soleil, frappent leurs propres types d'aimants qui circulent autour de la terre et ils frappent plus sur le côté Est que sur le côté Ouest (de la terre), et c'est ce qui fait tourner la Terre autour (du soleil). Les aimants des pôles Nord et Sud fabriquent la foudre, dans l'hémisphère Nord de la Terre, les aimants du pôle Sud montent et les aimants du pôle Nord descendent dans un même flash. Les lumières du Nord[47] sont causées par les aimants du pôle Nord et Sud passant dans des flux concentrés, mais les flux ne sont pas autant concentrés qu'ils le sont dans la foudre. Les ondes radio sont fabriquées par les aimants des pôles Nord et Sud. Maintenant concernant la taille de l'aimant. Vous savez que la lumière du soleil peut passer à travers le verre, le papier et les feuilles (d'arbre), mais elle ne le peut pas à travers le bois, la pierre et le fer, mais les aimants peuvent passer au travers de tout. Cela montre que

---

[45] Les pôles se repoussent mutuellement à la manière d'aimant classique.

[46] Ed s'adresse directement au personnel de la NASA.

[47] Les aurores boréales.

chaque aimant est plus petit que chaque particule de lumière.

Par EDWARD LEEDSKALNIN,

ROCK GATE, USA - 1945.

⊘MNIA VERITAS — Omnia Veritas Ltd présente : SATOSHI NASURA

QUAND LES DIEUX FOULAIENT LA TERRE

PRÉFACÉ PAR ANTON PARKS

Le lecteur pourra-t-il résister à l'appel de cette gigantesque aventure de la pensée humaine ?

⊘MNIA VERITAS — Omnia Veritas Ltd présente :

Il est primordial de confronter plusieurs recueils mythologiques de diverses origines afin de mettre à jour les correspondances pertinentes. À la suite de quoi, il nous sera possible d'assimiler telle divinité grecque avec telle ou telle déité égyptienne et mésopotamienne.

QUAND LES DIEUX FOULAIENT LA TERRE
II
LES DOUZE DIEUX DE L'OLYMPE

Préparez-vous pour un parcours historico-légendaire plein de révélations !

⊘MNIA VERITAS — Omnia Veritas Ltd présente :

Il est primordial de confronter plusieurs recueils mythologiques de diverses origines afin de mettre à jour les correspondances pertinentes. À la suite de quoi, il nous sera possible d'assimiler telle divinité grecque avec telle ou telle déité égyptienne et mésopotamienne.

QUAND LES DIEUX FOULAIENT LA TERRE
II
LES DOUZE DIEUX DE L'OLYMPE

Préparez-vous pour un parcours historico-légendaire plein de révélations !

OMNIA VERITAS

Omnia Veritas Ltd présente :

**La Trilogie des Origines
II
LES SURVIVANTS DE L'ATLANTIDE**

ALBERT SLOSMAN

... nul historien ne s'est penché sur les survivants de cet Eden disparu

OMNIA VERITAS

Omnia Veritas Ltd présente :

**La Trilogie des Origines
III
ET DIEU RESSUSCITA À DENDERAH**

ALBERT SLOSMAN

Le berceau du monothéisme ressuscite par les révélations de l'auteur !

OMNIA VERITAS

Omnia Veritas Ltd présente :

**Histoire
des Banques Centrales**
& de l'asservissement de l'humanité

de

STEPHEN MITFORD GOODSON

Tout au long de l'histoire, le rôle des prêteurs de deniers a souvent été considéré comme la « main cachée »...

Un directeur de banque centrale révèle les secrets du pouvoir monétaire.

Un ouvrage-clef pour comprendre le passé, le présent et le futur.

OMNIA VERITAS

www.omnia-veritas.com

www.ingramcontent.com/pod-product-compliance
Lightning Source LLC
Chambersburg PA
CBHW071504200326
41519CB00019B/5870